Infrastruktur für ein Data Mining Design Framework

Kai Jannaschk

Infrastruktur für ein Data Mining Design Framework

Eine Untersuchung mit Fallbeispielen

Kai Jannaschk
Kiel, Deutschland

Zugl.: Dissertation, Christian-Albrechts-Universität Kiel, 2017

ISBN 978-3-658-22039-6   ISBN 978-3-658-22040-2   (eBook)
https://doi.org/10.1007/978-3-658-22040-2

Die Deutsche Nationalbibliothek verzeichnet diese Publikation in der Deutschen National-
bibliografie; detaillierte bibliografische Daten sind im Internet über http://dnb.d-nb.de abrufbar.

Gedruckt auf säurefreiem und chlorfrei gebleichtem Papier

Springer Vieweg ist ein Imprint der eingetragenen Gesellschaft Springer Fachmedien Wiesbaden
GmbH und ist ein Teil von Springer Nature
Die Anschrift der Gesellschaft ist: Abraham-Lincoln-Str. 46, 65189 Wiesbaden, Germany

Inhaltsverzeichnis

Abbildungsverzeichnis

Tabellenverzeichnis

Akronyme

1 Einleitung

„Lieber Geld verlieren als Vertrauen."

Ein Satz, der dem Unternehmer Robert Bosch zugeschrieben wird.
Er spiegelt im Kern die drei Grundsätze Glaubwürdigkeit, Zuverlässigkeit, und Verantwortung in seiner Unternehmensführung wider.

Im Kontrast hierzu stehen Programme, wie z. B. „PRISM" und
„TEMPORA" (Macaskill u. a. (2013), Gellman (2013)). Diese Namen stehen synonym für Programme, welche ungerichtet und wahl-
los Kommunikationsdaten und deren Metainformationen sammeln,
auf diesen Datensammlungen durch Anwendung von Algorithmen
Zusammenhänge erkennen (wollen) und entsprechende Erkenntnisse
den Nutzern der Systeme aufzeigen. Vordergründiges Entwicklungs-
ziel solcher Programme besteht in der Abwehr von terroristischen
Gefahren. Um diese in Datensammlungen aufzuzeigen, werden exten-
siv Verfahren angewendet, die unter dem Schlagwort „Data Mining
(DM)" geführt werden.

Der Begriff „Data Mining" ist ein Sammelbegriff für eine Menge von Theorien und Techniken im Bereich der Datenanalyse. In der
englischsprachigen Literatur finden sich weitere ähnlich klingende Be-
zeichnungen, so z. B. „knowledge mining from data", „knowledge ex-
traction" oder auch „data dredging" (Han und Kamber (2006)). Diese
Begriffe werfen Fragen auf:

- Was versteht man unter dem Wort „knowledge"?

- Was heißt Wissen?

- Welche Eigenschaften besitzen die Daten?

- Wie schaut der Prozess des „Mining" aus?

© Springer Fachmedien Wiesbaden GmbH, ein Teil von Springer Nature 2018
K. Jannaschk, *Infrastruktur für ein Data Mining Design Framework*,
https://doi.org/10.1007/978-3-658-22040-2_1

- Ist ein solcher Prozess tatsächlich unstrukturiert, wie es der Begriff des „dredging" suggeriert?

In der Arbeit von Yang und Wu (2006) ist eines der zu lösenden Probleme im Bereich des DM die fehlende Systematik in der Herangehensweise. Ein Hauptkritikpunkt ist, dass das Vorgehen bei DM-Projekten entweder zu „ad-hoc" oder aber zu speziell auf das zugrunde liegende Problem zugeschnitten ist.

In DM-Tools wie WEKA[1] oder RapidMiner[2] bekommt ein Anwender eine Palette von möglichen Verfahren an die Hand gegeben, um einen Datensatz zu analysieren. Die Auswahl und Eignung der Verfahren zur Analyse seines Datensatzes obliegt dem Anwender.

Vergleichbar ist dies mit einem Werkzeugkasten. Der Nutzer des Kastens hat die Wahl zwischen zahlreichen Werkzeugen. Diese Werkzeuge wurden entwickelt, um bestimmte Problemen mit ihnen bewältigen zu können. Manche Werkzeuge lassen sich auf verschiedenste Problemstellungen anwenden. So kann man mit einem Hammer durchaus Nägel als auch Schrauben in einer Wand versenken. Aber ist der Hammer tatsächlich immer die richtige Wahl? Auch wenn ein Anwender weiß, wie ein Hammer funktioniert, muss man nicht alles als Nagel betrachten.

Bei Wu u. a. (2007) werden eine Reihe der am häufigsten eingesetzten Algorithmen zur Datenanalyse bis zum Jahre 2006 aufgelistet. Die Algorithmen entstammen den Teilbereichen Klassifikation, Clustering, Statistical Learning, Association Analysis und Link Mining. Enthalten sind allein 4 Verfahren für die Klassifikation. Aber worin unterscheiden sie sich, und können sie ggf. je alternativ angewendet werden? Unter welchen Umständen sollten vor der Anwendung eines dieser Klassifikationsverfahren auf einem Datensatz zunächst andere Verfahren wie beispielsweise des Clustering erfolgen? Welche Auswirkung hat eine vorherige Clusterung auf das Ergebnis einer Klassifikation? Lassen sich Resultate des einen Verfahrens als qualitätsfördernde Maßnahmen eines anderen Verfahrens verwenden?

---

[1] http://www.cs.waikato.ac.nz/ml/weka/
[2] http://www.rapid-i.com/

Jedes Analyseverfahren setzt zunächst einen Datensatz voraus. Die Struktur eines Datensatzes lässt sich z. B. über ein geeignetes Relationsmodell beschreiben. Funktionale Abhängigkeiten spiegeln Abhängigkeiten zwischen den Attributen eines Datensatzes wider. Weiterhin existieren zahlreiche Qualitätsmaße zur Beschreibung eines Datensatzes (Dasu und T. Johnson (2003), Olson (2003), Batini und Scannapieca (2006)), um z. B. fehlende Werte oder Ausreißer innerhalb der Attributwerte anzugeben. In Abhängigkeit von den Skalen der Attribute existieren Verfahren, um solche Qualitätsmaße zu beeinflussen. Aber ist die Anwendung in jedem Fall sinnvoll? Werden generell alle vorhandenen Attribute eines Datensatzes für die Anwendung eines Analyseverfahrens benötigt, oder besteht die Möglichkeit, eine ausreichende Auswahl zu treffen, um eine aufgeworfene Hypothese als Fragestellung einer Datenanalyse anzunehmen oder abzulehnen?

Weiterhin stellt sich die Frage: Wie entstehen eigentlich die Datensätze, die für eine Analyse herangezogen werden? Aus welchen Quellen entstammen sie? Welchen Einfluss auf das Analyseergebnis besitzt die Historie der analysierten Daten?

Die Glaubwürdigkeit eines Analyseergebnisses hängt letztlich von der Nachvollziehbarkeit und der Systematik des gesamten Analyseprozesses ab. Dies fängt mit der Datenerhebung an, reicht über die richtige Aufbereitung der Daten für die Analyse, der Auswahl und Verkettung der Analyseverfahren, bis zur Beurteilung und Interpretation des Ergebnisses. Die Zuverlässigkeit eines Analyseergebnisses gibt darüber Auskunft, inwieweit es sich unter Verwendung analoger Verfahren reproduzieren lässt. Es liegt in der Verantwortung eines Analysten, wie die erzielten Resultate interpretiert und in bestehendes Wissen eingebettet werden.

Struktur der Arbeit

Mit der vorliegenden Arbeit wird das Ziel verfolgt, aufzuzeigen, wie DM glaubwürdig, zuverlässig und verantwortlich funktionieren kann. Daher erfolgt in Kapitel 2 nach einer Begriffsdefinition des DM, ein

Vergleich bestehender Prozessmodelle im DM, wie systematisches Data Mining nach Ansicht von Fayyad bzw. der Industrie im Falle des CRISP-Modelles erfolgen kann. Hierbei werden die entsprechenden Schwächen als auch Stärken dargestellt. Weiterhin werden veröffentlichte Fallbeispiele betrachtet und deren Problemstellungen und Defizite bei der Lösung aufgezeigt.

Im Anschluss wird in Kapitel 3 ein DM-Framework entwickelt, in welches die im Vorwort aufgezeigten Bestandteile und Begriffe wie „Algorithmus", „Datenmodell", „Historie", „Qualität" einsortiert und erweitert werden. Das Framework gliedert sich hierbei in drei Schichten, und zeigt auf, welche Teilfragen auf dem Weg von einer Problemstellung zu einer Lösung beantwortet, und wie erhaltene Lösungen in den Kontext eines Fragestellers integriert werden können.

Anschließend in Kapitel 4 werden die für dieses Framework benötigten Bausteine für einen erfolgreichen DM-Prozess definiert, und Lösungsmöglichkeiten für einige offene Fragestellungen im Bereich der Datenerfassung und -analyse mit Fokus auf der Durchführung naturwissenschaftlicher Experimente präsentiert. Dazu zählt die Betrachtung mit dem Begriff Datensatz selbst sowie der Qualität eines Datensatzes, die Entwicklung eines Systems zur Unterstützung bei der Erstellung und der Geschichte eines zu analysierenden Datensatzes, sowie die Betrachtung, wie Änderungsanforderungen in den laufenden Prozess integriert werden können. Außerdem wird ein Ansatz zur Systematisierung bestehender Datenanalysealgorithmen aufgezeigt.

Letztlich erfolgt in Kapitel 5 die Darstellung einiger durchgeführter Fallbeispiele, welche in Zusammenarbeit mit dem Helmholtz-Zentrum für Ozeanforschung Kiel entstanden.

2 Systematisches Data Mining - State of the Art

Um über DM zu sprechen, muss zunächst geklärt werden, was unter DM zu verstehen ist, mit welchen Prozessen DM-Resultate erzielt werden, welche Stärken und Schwächen diese Prozesse aufweisen, und wie diese Prozesse Anwendung in der Realität finden. Mit diesem Kapitel und den jeweiligen Abschnitten werden diese Fragen beantwortet.

2.1 Data Mining Definition

Eine Definition des Begriffes Data Mining bzw. Knowledge Discovery von Frawley, Gregory Piatetsky-Shapiro und Matheus (1992) aus dem Jahre 1992 lautet:

> Knowledge discovery is the nontrivial extraction of implicit, previously unknown, and potentially useful information from data. Given a set of facts (data) F, a language L, and some measure of certainty C, we define a pattern as a statement S in L that describes relationships among a subset F_S of F with a certainty c, such that S is simpler (in some sense) than the enumeration of all facts in F_S. A pattern that is interesting (according to a user-imposed interest measure) and certain enough (again according to the user's criteria) is called knowledge.[1]

---

[1] Wissensentdeckung ist eine nicht triviale Extraktion von impliziten, ggf. unbekannten, und potentiell nützlichen Informationen aus Daten. Gegeben sei eine Menge von Fakten (Daten) F, eine Sprache L, und ein gewisses Maß an

© Springer Fachmedien Wiesbaden GmbH, ein Teil von Springer Nature 2018
K. Jannaschk, *Infrastruktur für ein Data Mining Design Framework*,
https://doi.org/10.1007/978-3-658-22040-2_2

Gerade die Verwendung des Begriffes „Wissen" ist verwirrend. Wissen ist das Resultat einer Bewertung von Fakten durch eine Person oder einer Gruppe von Personen. Eine Bewertung ist somit subjektiv, und kann nicht als das alleinige Ergebnis einer Datenanalyse betrachtet werden.

Für die weitere Arbeit wird der Begriff „Anwender" synonym für eine Einzelperson als auch für eine Gruppe von Personen verwendet. Fayyad, G. Piatetsky-Shapiro und P. Smyth (1996a) kommen zu folgender Definition von Knowledge Discovery in Databases (KDD):

> KDD is the nontrivial process of identifying valid, novel, potentially useful, and ultimately understandable patterns in data.[2]

Offen bleibt bei Fayyad, Shapiro und Smyth, was die Eigenschaften eines Musters *valide*, *neu*, *potentiell nützlich* und *verständlich* bedeuten. Ziel des DM-Prozesses ist lt. Definition, irgendein Muster zu finden, welches die genannten Eigenschaften erfüllt.

Edelstein (1999) definiert DM als:

> Data mining is a process that uses a variety of data analysis tools to discover patterns and relationships in data that may be used to make valid predictions.[3]

Diese Definition des DM beschränkt sich auf die Vorhersage. Die Erklärung von Daten durch das Aufzeigen von Zusammenhängen ist lediglich ein Baustein auf dem Weg zu einer Vorhersage. Worin der

---

Sicherheit C, so definieren wir ein Muster als eine Aussage S in L, welche Beziehungen in einer Teilmenge F_S von F mit einer Sicherheit c beschreibt, so dass S einfacher (in gewissem Sinne) ist, als eine Aufzählung aller Fakten in F_S. Ein Muster, welches interessant (in Abhängigkeit von der Erwartungshaltung eines Anwenders) und sicher genug (entsprechend eines Qualitätskriteriums eines Anwenders) ist, wird Wissen genannt.

[2]Wissensentdeckung in Datenbanken ist ein nicht trivialer Prozess valide, neue, potentiell nützliche und letztlich verständliche Muster in Daten zu finden.

[3]Data Mining ist ein Prozess, der eine Vielzahl von Datenanalysewerkzeugen nutzt, um Muster und Zusammenhänge in Daten zu finden, die für valide Vorhersagen genutzt werden können.

Unterschied zwischen Beziehungen und Mustern besteht, wird nicht geklärt.

Edelstein (1999) formuliert weiterhin zwei Schlüsselaspekte für den Erfolg eines DM-Projektes:

1. eine präzise Formulierung des Problems,

2. das Nutzen der richtigen Daten zur Analyse.

Durch die Formulierung des Problems wird verdeutlicht, dass eine Zielsetzung für den DM-Prozess essentiell ist. Eine Zielsetzung ist bei den vorherigen Definitionen nicht zu finden. Die Notwendigkeit eines Zieles bestätigt ebenfalls Noonan (2000) mit der Aufforderung:

Begin with the end in mind.

Erst im zweiten Aspekt bei Edelstein (1999) sind die „richtigen" Daten zur Analyse heranzuziehen, wobei zu klären ist, wie die „richtigen" Daten gefunden werden können. Die Gefahr besteht, dass zur Bestätigung einer Hypothese zielgerichtet aufbereitete Daten herangezogen werden, und somit ein Analyseergebnis negativ beeinflusst wird.

Deutlich wird, dass Erkenntnisse, die mit DM-Methoden gewonnen werden, von einem Vorwissen eines Anwenders, und dem Bewusstsein über sein Wissensbedürfnis abhängen. Es ergeben sich die somit vier Szenarien (Tabelle 2.1) für die Anwendung der Methoden des DM.

- Ein Anwender besitzt Wissen, und ist sich der Anforderung an der Validierung seines Wissens bewusst.

- Ein Anwender ist sich bewusst, welches Wissen ihm fehlt. Er versucht somit, seinen subjektiven Wissensstand auszubauen.

- Ein Anwender verfolgt nicht bewusst das Ziel, sein Wissen zu bestätigen bzw. zu widerlegen.

- Einem Anwender fehlt sowohl das Wissen, als auch das Bewusstsein über das fehlende Wissen selbst.

Tabelle 2.1: DM-Szenarien unter Berücksichtigung von Vorwissen und Bedürfnis eines Anwenders

	Bewusstsein	kein Bewusstsein
Vorwissen	**Szenario 1:** Validierung zwischen vorhandenem Wissen und DM-Ergebnis	**Szenario 2:** DM-Ergebnis als überraschende Möglichkeit, Wissen zu validieren
kein Vorwissen	**Szenario 3:** gezielter Einsatz von DM-Ergebnissen zur Wissenserweiterung	**Szenario 4:** DM-Ergebnis wird als gegeben betrachtet

Werden DM-Algorithmen angewendet, so muss letztlich das daraus resultierende Muster durch den Anwender interpretiert und beurteilt werden. Die entsprechenden Beurteilungsmöglichkeiten sind jedoch von der Zielsetzung des Anwenders abhängig. Der grundlegende Unterschied zwischen den Szenarien besteht darin, dass ein Anwender sein Bedürfnis an Wissen kennt und formulieren kann. Sofern ein Bedürfnis klar formuliert ist, kann an einer Befriedigung dieses Bedürfnisses gezielt gearbeitet werden. Eine Beurteilung eines DM-Ergebnisses ist schwierig, sofern weder das Ergebnis in ein Vorwissen eingebettet werden kann, noch ein Anwender sich der bestehenden Wissenslücken bewusst ist.

DM ist als eine induktive Methode aufzufassen, bei der ein Anwender durch die Analyse von Daten zielgerichtet Informationen zu gewinnen sucht, die sich generalisieren bzw. mindestens auf andere unbekannte Daten übertragen lassen. Die jeweilige Zielstellung wird durch die subjektiven Interessen eines Anwenders, basierend auf seinen Instinkten, Gefühlen, Erfahrungen, seiner Intuition, seinen Werten, persönlichen Überzeugungen, seinem gesunden Menschenverstand, seiner durch kognitive und mentale Prozesse gegebenen Erkenntnis definiert, und die gewonnenen Informationen werden in sein abrufbares Wissen integriert.

Die durch eine Analyse zu erwartenden Informationen sind Beschreibungen über den Aufbau und die Beziehungen in analysierten Daten und reichen bis zu Prognosemodellen, mit welcher Wahrscheinlichkeit unbekannte Daten entsprechende identische Eigenschaften aufweisen. Zusammenfassend bezeichnet man die zu gewinnenden Informationen daher als Muster.

In Daten gefundene Muster unterliegen der Bewertung eines Anwenders. Ein kausaler Zusammenhang innerhalb der Bestandteile eines Musters wird durch eine Datenanalyse nicht gegeben. Ob ein gefundenes Muster tatsächlich der Realität entspricht und sich entsprechend einordnen lässt, muss durch den Anwender validiert werden. Die Frage, wie dieser Vergleich durchgeführt werden kann, um den tatsächlichen Wert und die Gültigkeit eines Musters zu prüfen, wird durch einen Analyseprozess nicht geklärt. Der Anwender bringt sowohl einen fachlichen Hintergrund für den Kontext des DM-Projektes mit, als auch den technischen Hintergrund für die Anwendung von verwendeten Analyseverfahren.

Um die Methode DM einzuordnen, wird im folgenden der Begriff des „Modelles" verwendet. Hierzu ist es erforderlich, diesen Begriff mit einer Semantik und zugehörigen Eigenschaften zu versehen, wie es Thalheim (2013) zeigt.

Ein *Modell* ist eine Abstraktion. Ein Modell unterliegt bei Konstruktion und Nutzung einem *Kontext*, in dem es eingebettet ist, unterliegt den Regeln und Richtlinien der Konstrukteure bzw. Anwender, der *Community of Practice*, verfolgt ein *Ziel bzw. Zweck*, wofür es geschaffen/genutzt wird, und wird durch die Auswahl, der mit dem Modell *repräsentierten Artefakte*, beschränkt. Konstruktion und Verwendung eines Modells unterliegt entsprechenden *Entwicklungs- und Verwendungsmethoden*. Paradigmen oder Restriktionen als *Grundlagen* der bei Konstruktion/Anwendung eingesetzten Methoden werden als bekannt vorausgesetzt. Diese Grundlagen wirken ebenfalls auf die Sprache, Konzepte, Muster o.ä., welche die *Basis* für ein Modell bilden. Die Zusammenhänge zwischen den Bestandteilen der Modelldefinition sind in Abbildung 2.1 illustriert.

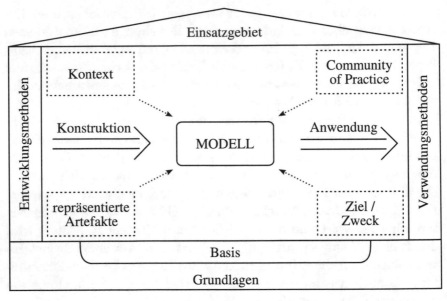

Abbildung 2.1: Definition des Begriffes „Modell"

Modelle werden als ein vereinfachtes Abbild der Realität genutzt, und ergeben sich aus verschiedensten Beobachtungen ebenjener Realität durch einen Anwender. Daraus resultierende subjektive Feststellungen werden mit Hilfe von Modellen beschrieben. Jedes Modell wird mit Konzepten und Theorien aus dem entsprechend betrachtetem Bereich angereichert. Ein Modell selbst kann sowohl ein Zusammenspiel von Modellen widerspiegeln, als auch mehrere Modelle in einer Modellfamilie zusammenfassen. Eine Modellfamilie ist hierbei eine Menge von Modellen mit ähnlichen Zielen und Hintergrund, die sich in spezifischer Parametrierung unterscheiden. Eine Modellfamilie ermöglicht es einem Anwender, einen Sachverhalt aus verschiedenen Blickwinkeln und mit unterschiedlichen Abstraktionsstufen zu betrachten. Ein System ist als eine Realisierung eines Modells zu verstehen. Bei der Realisierung werden entsprechende Annahmen und Rahmenbedingungen für das System festgelegt. Ein System kann mit der Realität interagieren, oder es kann Tests an Modellen durchführen.

Mithilfe von Messungen der vom Anwender gewählten Eigenschaften und der Beobachtung des Verhaltens eines Systems werden objektive und subjektive Beschreibungen für eine Analyse gesammelt. Eine Analyse der Mess- und Beobachtungsergebnisse führt zu Erkenntnissen, die in eine weitergehende Modellentwicklung fließen, und somit auch Eingang in die Realisierung eines Systems finden.

Der reale Hintergrund für die Methode DM ist in Abbildung 2.2 illustriert.

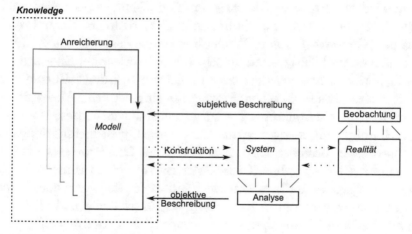

Abbildung 2.2: Data Mining Hintergrund

Da ein Modell ein vereinfachtes Abbild der Realität ist, wird mit einem Modell nicht das gesamte Wissen eines Anwenders abgebildet. Weiterhin ist festzuhalten, dass dadurch Wissen implizit mit der Verwendung eines bestimmten Modells transportiert wird. Durch die Formulierung eines Zieles bzw. Zweckes, wofür das Modell genutzt wird, und welche Fragestellung damit verbunden ist, werden die Bedürfnisse eines Anwenders formuliert.

2.2 Data Mining Prozesse

Systematisches Data Mining suggeriert, dass es ein System des Data Mining gibt, dem man in irgendeiner Art und Weise folgen kann. In einem System sind Elemente enthalten, die miteinander in Beziehung stehen und miteinander interagieren, um ein gesetztes Ziel zu erreichen.

Das Zusammenwirken von verschiedenen Elementen in einem System wird mit Prozessen beschrieben. Die „Deutsche Gesellschaft für Qualität" Leonhard und Naumann (2002) definiert einen Prozess, als die „Gesamtheit von in Wechselbeziehungen stehenden Abläufen, Vorgängen und Tätigkeiten, durch welche Werkstoffe, Energien oder Informationen transportiert oder umgeformt werden." Ebenfalls definiert Kronlöf (1993) einen Prozess als eine zeitliche Aktivität, mit der Absicht, ein konkretes Ziel zu erreichen. Ein Prozess ist hierarchisch aufgebaut, so dass er aus einer partiell geordneten Menge von Teilprozessen bestehen kann. Das Ziel eines DM-Prozesses wird mit einem Muster angegeben. Dieses Muster kann einen Hinweis auf Zusammenhänge in der betrachteten Realität für den Anwender liefern, welcher einer weiteren Untersuchung und Bewertung bedarf. Das eigentliche Data Mining bzw. die Anwendung von Analyseverfahren ist lediglich ein Teilschritt des gesamten DM-Prozesses, welcher die zu bewertenden Muster als Resultat liefert.

Die beiden folgenden Prozesse haben sich im Gebiet des Data Mining als Standardprozesse etabliert. Im folgenden sei ein kurzer Überblick über die zu erreichenden Ziele, die darin enthaltenen Aktivitäten, sowie involvierten Personen gegeben.

2.2.1 Fayyads KDD Prozess

Fayyad et al.(Fayyad, G. Piatetsky-Shapiro und P. Smyth (1996a), Fayyad, G. Piatetsky-Shapiro und P. Smyth (1996b)) stellen einen KDD-Prozess vor, um erfolgreich in Datensätzen nach Mustern zu suchen. In Abbildung 2.3 des Prozesses wird deutlich, dass die zu

gewinnenden Muster ein Teilziel auf dem Weg zur Wissenserlangung
sind.

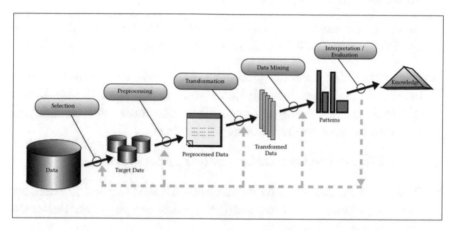

Abbildung 2.3: Schema eines DM-Prozesses nach Fayyad,
Piatetsky-Shapiro und Smyth (1996a)

In den Prozess sind zwei Personengruppen involviert. Es gibt die
Gruppe der Analysten und die Gruppe der Fachbereichsspezialisten.
Der iterative und interaktive Prozess besteht aus neun Teilschritten.

1. *Verstehen des Fachbereiches*: Neben der Zielsetzung des KDD-
   Prozesses aus Sicht des Fachbereichs ist für den Analysten das
   Ergebnis des Schrittes, das notwendige Verständnis und Vorwis-
   sen des Kontextes der Analyse zu erlangen.

2. *Erzeugen eines Ausgangsdatensatzes*: Aus der Gesamtheit der zur
   Verfügung stehenden Daten werden die entsprechenden Teildatensätze erstellt, mit denen der Prozess durchgeführt wird.

3. *Datenbereinigung und -vorbereitung*: Es werden einfache Operationen zum Aufspüren, Beschreiben und Beseitigen von Datenfehlern
   durchgeführt.

4. *Datenreduktion und -projektion*: Die Zahl der zu analysierenden Variablen soll verringert werden.

5. *Auswahl der zum Projektziel passenden DM-Methode*: Die Klasse der DM-Methode (Klassifikation, Clustering, ...) ist zu wählen.

6. *Explorative Datenanalyse, Hypothesen- und Modellwahl*: Ausgehend der gewählten DM-Methode werden der bzw. die konkreten Algorithmen zur Analyse ausgewählt. Ebenfalls sind die entsprechenden Parametereinstellungen festzulegen.

7. *Data Mining*: Die eigentliche Analyse findet statt.

8. *Musterinterpretation*: Die gefundenen Muster werden hinsichtlich ihrer Güte beurteilt. Rücksprünge zu vorhergegangenen Teilschritten sind von hier möglich.

9. *Wissensintegration*: Die gewonnenen Erkenntnisse aus den gefundenen Mustern werden in das vorhandene Wissen des Fachbereichs eingefügt, sofern möglich. Weiterhin wird das Muster der Nutzung zugeführt, was eine Implementierung oder eine reine Dokumentation sein kann.

In einer Erweiterung des hier präsentierten Prozesses sind nach den Autoren Fayyad, G. Piatetsky-Shapiro und P. Smyth (1996b) Schleifen zwischen je 2 Schritten jederzeit möglich.

2.2.2 CRISP DM

Ein weiterer Prozess auf dem Gebiet des Data Mining ist der Cross Indutries Standard Process in Data Mining (CRISP-DM) Prozess, vorgestellt in Chapman u. a. (2000). Beteiligt sind zum einen die Fachgebietsspezialisten zum Erklären der Modelle als auch des notwendigen Hintergrundwissens, und zum anderen die technischen Analysten mit den Kenntnissen der genutzten DM-Technologien. Der Prozess gliedert sich über mehrere Ebenen in sechs Phasen. In Abbildung 2.4 ist der Zyklus dieses Prozesses illustriert. Dieser Zyklus spiegelt den

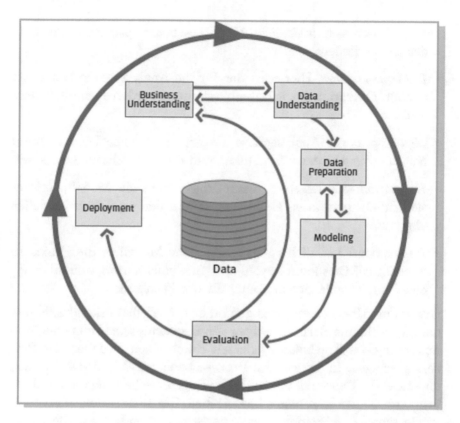

Abbildung 2.4: Schema des CRISP-DM Prozesses nach Chapman u. a. (2000)

ersten von vier Prozessebenen wider. Die einzelnen Phasen können wie folgt kurz charakterisiert werden:

- *Business understanding*: Die initiale Phase kann als die Business Phase bezeichnet werden, und wird für die Zielsetzung sowie Projektplanung genutzt.

- *Data understanding*: Die zweite Phase dient zum Sammeln der Ausgangsdaten, sowie zur Bestimmung der Datenqualität. Möglicherweise lassen sich zusätzliche Hypothesen zur späteren Analyse in den Daten finden.

- *Data preparation*: Hier wird der für die Analyse finale Datensatz erstellt. Operationen zur Datenbereinigung werden ebenfalls durchgeführt.

- *Modeling*: In der Analysephase werden verschiedene Modelle unter Nutzung verschiedener Techniken und Parametrisierungen erstellt.

- *Evaluation*: Als Ergebnis dieser Phase steht ein Modell, welches sich durch qualitative Bewertungen von den restlichen Modellen abgrenzt.

- *Deployment*: Letztlich ist das gefundene Modell in die Praxis zu überführen. Dies kann sowohl eine Implementierung sein, als auch eine hinreichende Beschreibung für das Fachgebiet.

Durch eine Überwachung des gefundenen Modells in der Praxis und das Sammeln und Berücksichtigen von Beobachtungen kann eine Neubewertung des Ergebnisses jederzeit durch einen Neustart des Prozesses erfolgen. In der zweiten Prozessebene von CRISP-DM werden die einzelnen Phasen detaillierter durch generische Aufgaben und die je zu erzielenden Ergebnisse beschrieben. Zur Illustration soll die folgende kurze Beschreibung der generischen Aufgaben für die Phase *Data understanding* dienen.

- *Collect Initial Data* Die initialen Daten werden gesammelt. Das Ergebnis ist eine Liste mit Informationen, wo, wann, und mit welchen Werkzeugen auf die Daten zugegriffen werden kann.

- *Describe Data* Die Eigenschaften der zu analysierenden Daten werden ermittelt. Das Ergebnis ist eine Beschreibung des Datenformates, der Datenquantität (Anzahl der Tupel und Attribute), der Schlüssel, etc.

- *Explore Data* Es erfolgt eine statistische Bewertung der Daten, z. B. wird die Verteilung von Attributwerten analysiert. In einem abschließenden Bericht dieser Aufgabe sind initiale Hypothesen über die Daten und deren Auswirkung auf das Projektziel enthalten. Graphen und Plots zur Illustration der Charakteristiken sind ebenfalls mögliche Bestandteil des Berichts.

- *Verify Data Quality* Der Analyst bestätigt die Vollständigkeit der Untersuchung der zu analysierenden Daten. Als Ergebnis dient eine Liste mit entdeckten Qualitätsproblemen und zugehörigen Lösungsvorschlägen.

Die dritte Prozessebene des CRISP-DM Prozess listet für jede generische Aufgabe eine Menge von möglichen passenden konkreten Aktivitäten auf. Die generische Aufgabe enthält beispielsweise *Explore Data* Aufgaben zur Datenexploration und zum Formulieren von Annahmen zur zukünftigen Analyse. Folgende Aktivitäten sind enthalten:

- Analysieren von Eigenschaften der interessanten Attribute im Detail

- Identifizieren von Charakteristiken von Datenteilmengen

- Betrachten und evaluieren der in der Datenbeschreibung enthaltenen Informationen

- Formulieren von Hypothesen und Identifizieren von entsprechenden Aktionen

Wie im gegebenen Beispiel zu sehen, illustriert der CRISP-DM Prozess den Managementprozess eines DM-Projektes, und nicht den eigentlichen Analyseprozess. Ein Anwender des CRISP-DM Prozess kennt zwar das Ziel, aber er weiß nicht, welche Voraussetzungen jeder einzelne Teilschritt hat, und was er mit dem je erzielten Teilergebnis tatsächlich anfangen kann.

Angenommen ein nach dem CRISP-DM Prozess durchgeführtes DM-Projekt ist erfolgreich, so stellt sich die Frage: Kann dieselbe Prozesssequenz auch auf ein ähnlich gelagertes Problem übertragen werden? Es existieren zahlreiche verschiedene Algorithmen für die

Datenanalyse. Jeder Algorithmus stellt seine eigenen speziellen Anforderungen an Daten und Hypothesen, weist eine eigene Parametrisierung auf. Ein Analyst mit einem konkreten Problem kann nur die
Algorithmen zur Problemlösung heranziehen, die er tatsächlich kennt.
Die Phase *Data Preparation* muss jedoch gerade in Abhängigkeit des
ausgewählten Analysealgorithmus durchgeführt werden.

2.2.3 Kritik an bestehenden Prozessen

Die vorgestellten Prozesse spiegeln zwei unterschiedliche Blickwinkel und Ausgangsszenarien für ein DM-Projekt wider. Fayyad et al.'s
KDD-Prozess (Abschnitt 2.2.1) orientiert sich am Blickwinkel eines
Wissenschaftlers, der seine Daten nicht nur statistisch beschreiben
möchte. Der Prozess ist stark auf die Daten fokussiert, die eine Reihe
von Transformationsschritten durchlaufen.

Stärken

- Die aufgeführten abstrakten Schritte bieten einem Anwender des
  Prozesses viel Spielraum, konkrete Maßnahmen anzuwenden.

Schwächen

- Eine Zielsetzung für einen DM-Prozess erfolgt auf der Grundlage
  der für die Analyse zur Verfügung stehenden Daten. Ein in einem
  Datensatz gefundenes Muster kann jedoch nur ein Baustein im ge-
  nerellen Erkenntnisprozess sein, so dass die betrachtete Frage im
  DM-Prozess nur eine Teilfragestellung ist. Eine Anreicherung mit
  z. B. bisher unbekannten Daten ist somit eigentlich ausgeschlossen.

- Im Prozessmodell werden für die Anwendung von DM-Algorithmen
  im Detail Beispiele gegeben. Evaluierungsmöglichkeiten der gefundenen Ergebnisse werden nicht betrachtet.

Chancen

- Da die Transformationsschritte dieses Prozesses sehr abstrakt angegeben sind, können konkrete Methoden durchaus leicht in eine

entsprechende Umsetzung eingebunden werden. Ebenfalls ist nicht ausgeschlossen, dass einzelne Methoden durchaus mehrere Transformationsschritte abdecken.

Risiken

- Durch die Fokussierung auf Daten in Fayyad's KDD-Prozess wird nicht klar, welche Rolle die zu erzielende Information im Kontext der Fragestellung spielt. Hintergründe für die Datenanalyse sowie Abhängigkeiten der Daten bleiben offen.

- Nach der Evaluierung eines gefundenen Musters ist ein Rücksprung zu bereits durchlaufenen Schritten möglich. Ein Prozessziel kann somit auch nach der Ausführung von Analyse- und Transformationsschritten geändert werden. Eine Trennung, wann ein begonnener Prozess beendet ist, und wann ein neues Prozessziel verfolgt wird, verschwimmt. Weiterhin besteht die Gefahr, dass der DM-Prozess in eine Endlosschleife fällt, da keine hinreichenden Abbruchkriterien für die einzelnen Transformationsschritte gegeben sind.

Der CRISP-DM Prozess (Abschnitt 2.2.2) ist ein DM-Prozess, der aus Managementsicht konzipiert wurde. Im Fokus steht hier das definierte Ziel eines Projektes verbunden mit seinen kaufmännischen Beschränkungen, dem die nachfolgenden Aktivitäten untergeordnet sind.

Stärken

- Es erfolgt eine Kapselung von einerseits der Zielstellung und Datendefinition, sowie andererseits der eigentlichen Datenverarbeitung und Modellentwicklung.

- Durch die Fokussierung auf ein Ziel und die Festlegung eines Budgets sowie der verfügbaren Ressourcen zur Erreichung des Zieles wird zu Beginn ein wirtschaftliches Kriterium für einen Abbruch eines DM-Prozesses definiert.

- Im Vergleich zu Fayyad's KDD-Prozess erfolgt die Definition der Zielstellung vor der eigentlichen Datendefinition, welche Daten generell zur Analyse herangezogen werden. Somit ist eine Anreicherung der eigenen vorliegenden Daten und eine Integration fremder Datenquellen möglich.

Schwächen

- Ergebnisse der einzelnen Arbeitsschritte sind zum größten Teil Reports. Die Fortschritte im DM-Prozess sind somit gut dokumentiert. Auswirkungen von konkreten Transformationen und Veränderungen an einem Datensatz im Hinblick auf die Wahl verschiedener Analysemethoden werden jedoch nicht verdeutlicht.

- Im Prozessmodell werden für die Anwendung von DM-Algorithmen im Detail Beispiele gegeben. Evaluierungsmöglichkeiten der gefundenen Ergebnisse werden nicht betrachtet.

Chancen

- Die genaue Ausgestaltung der Teilschritte ist genauer zu untersuchen.

Risiken

- Teilziele, die zur Erreichung des Gesamtzieles gelöst werden müssen, sind im Vorfeld der eigentlichen Analyse festzulegen. Bei strikter Einhaltung des CRISP-DM-Prozesses dürfen Fragestellungen, welche im Analyseverlauf auftreten, nicht bearbeitet werden. Sofern Antworten auf diese Fragen für den begonnenen DM-Prozess wichtig sind, kann dies zum Abbruch und Scheitern des aktuellen Prozesses führen.

2.3 Fallbeispiele in der Literatur

Die Regeln seriöser Wissenschaft sind eindeutig: Wer ein Experiment durchführt, muss die Bedingungen und Umstände nennen, unter denen es stattgefunden hat. Denn nur dann können Forscherkollegen den Versuch auch wiederholen und die Ergebnisse reproduzieren - eine wichtige Voraussetzung dafür, dass die gewonnenen Erkenntnisse allgemein anerkannt werden.Schneider (2012)

In diesem Abschnitt werden veröffentlichte Fallbeispiele für das DM analysiert. Auch wenn die zugrundeliegenden Daten nicht der Allgemeinheit für eine Wiederholung des DM-Projektes zugänglich gemacht werden, so sollte erkennbar sein, was die Analysten erzielen wollten, wie sie vorgegangen sind, und welche Ergebnisse sie tatsächlich erzielt haben.

2.3.1 Fallbeispiel 1: Analyse von Kundenbewegungen im Bankensektor

Hu (2005) veröffentlichte ein Fallbeispiel zur Analyse von Kundenbewegungen im Bankensektor.

Aufgabenstellung

Das DM-Projekt beschäftigt sich mit der Fragestellung, wie Kundengruppen einer Bank identifiziert werden können, deren Mitglieder vermutlich innerhalb der nächsten zwei Monate die Bank verlassen werden. Werbemaßnahmen zur Kundenbindung sind mit entsprechenden Kosten für die Bank verbunden. Daher besteht das Interesse, gezielt mit entsprechenden Maßnahmen nur diejenigen Kunden anzusprechen, die vor einem Wechsel der Bank stehen. Die betrachtete Bank ist in den USA beheimatet.

Prozess

Die Prozessschritte dieses Fallbeispiels entsprechen dem Prozessmodell von Fayyad in Abschnitt 2.2.1. Im einzelnen handelt es sich um die Schritte:

1. Problemdefinition aus Domänensicht

2. Datenreview und initiale Datenauswahl

3. Problemdefinition aus Sicht der vorhandenen Daten

4. Datenerfassung, -beschreibung und -formatierung

5. Datenaufbereitung

   a Datenbereinigung und -entfaltung, Definition der zeitsensitiven Variablen und Zielvariablen

   b Statistische Datenanalyse

   c Sensitive Datenanalyse

   d Beseitigen von Unklarheiten in Bezug auf Datenwerte und Variablendefinitionen

   e Variablenauswahl

6. Modellierung mit Klassifikationsverfahren

   a Entscheidungsbäume

   b Neuronale Netzwerke

   c Boosted Bayessche Netzwerke

   d Selektive Bayessche Netzwerke

   e Ensemble von Klassifizierern

7. Ergebnisbewertung

8. Ergebnisverwertung

Es folgt eine kurze Beschreibung der einzelnen Prozessschritte.

Problemdefinition aus Domänensicht Es wird zwischen verschiedenen Kundentypen hinsichtlich der Wechselbereitschaft unterschieden.

- langsame Wechsler: Diese Kunden zahlen Kreditraten langsam ab. Ihr Konto verbleibt nach der Kredittilgung bei der Bank in einem inaktiven Zustand.

- schnelle Wechsler: Diese Kunden tilgen einen aufgenommenen Kredit sehr schnell. Danach erfolgt eine Kündigung des Kontos per Anruf oder Schreiben.

- Cross-Selling: Bestehenden Kreditnehmern werden weitere Produkte der Bank verkauft. Das Bestehen von weiteren Beziehungen zwischen der Bank und dem Kunden schreckt wechselwillige Kunden vor einer Kontokündigung.

- Risiko: Kunden sind mit einem hohen Risiko behaftet.

- Piraterie: Kunden, die mitsamt ihren bestehenden Verträgen zur Konkurrenz wechseln.

Es ist anzumerken, dass Kunden nicht eindeutig einem Kundentyp zuzuordnen sind. Im Verlauf der Zeit schwankt die Zugehörigkeit eines Kunden zu den verschiedenen Typen. Im Fallbeispiel wird sich daher auf zwei Kundentypen konzentriert.

1. Basierend auf der Analyse von Kontodaten, die mindestens seit vier Monaten im Bestand der Bank sind, erfolgt 60 Tage im Voraus eine Identifizierung der Kunden, die vermutlich die Geschäftsbeziehung per Anruf oder Schreiben beenden.

2. Basierend auf der Analyse von Kontodaten, die mindestens seit vier Monaten im Bestand der Bank sind, erfolgt 60 Tage im Voraus eine Identifizierung der Kunden, die vermutlich einen Transfer des Kontos zur Konkurrenz durchführen. Das Konto bei der betrachteten Bank bleibt danach geöffnet, oder wird geschlossen.

Daraus ergeben sich die folgenden zwei Aufgabenstellungen:

- Aufgabenstellung 1: Entwickele Modelle, mit deren Hilfe eine Segmentierung der Kunden 30 bzw. 60 Tage im Voraus vorgenommen wird. Identifiziere die Charakteristiken dieser Segmentierung, um gezielt einzelne Segmente zu stützen und Kunden mit ähnlichen Charakteristiken zu akquirieren.

- Aufgabenstellung 2: Identifiziere die Kundengruppen, deren Charakteristik nahelegt, dass sie von ruhenden bzw. unprofitablen Produkten zu profitablen Produkten wechseln. Sofern eine Identifizierung erfolgreich ist, wird mittels Unterstützung durch die Bank eine Migration angeboten.

Datenreview und initiale Datenauswahl Es sind vier Datenquellen für die Analyse verfügbar. Die Primärquelle ist ein Kreditkarten-Data Warehouse (DWH), indem für 200 Produkte der Bank die Kontobewegungen der Kunden der letzten sechs Monate gespeichert sind. Demografische Daten sind mit einem externen Datenlieferanten als eine zweite Datenquelle aus dem DWH verlinkt. Basierend auf einem existierenden Segmentierungsschema, einer Kombination von Risikobewertung, Profitabilität und externem Potential, existieren für die betrachteten Konten eine Menge von entsprechenden Segmentierungswerten in einer dritten Datenquelle. Eine vierte Datenquelle ist eine Datenbank für den Zahlungsverkehr von eingelösten Schecks.

Aus dem verfügbaren Datenmaterial wurden Datensätze von Bankkunden ausgewählt, deren Konto im Zeitraum 12/2001 - 03/2002 durchgehend den Status „Offen" führte. Zusätzlich, sowie zu Vergleichszwecken, wurden Datensätze von Konten mit einem Wechsel des Status zu „Geschlossen" bzw. „Ausbezahlt" ausgewählt. Ein Wechsel des Statuts erfolgte nicht vor 11/2001. Diese Kriterien ergaben 42547 Datensätze zu Konten des Status „Offen" sowie 3267 Datensätze von Konten, die im betrachteten Zeitraum seit 12/2001 geschlossen wurden. Diese Kontodatensätze wurden erweitert mit den Informationen über alle jeweiligen Kontobewegungen im Zeitraum 12/2001 - 03/2002.

Datenaufbereitung Das Ziel der Datenaufbereitung ist die Erstellung einer kompakten Datendatei. Hierzu wurden die Schritte

- Entfaltung von Zeitreihendaten,

- Zielvariablendefinition,

- Statistische Datenanalyse,

- Feldsensitivitätsanalyse,

- Erstellung eines Analysedatensatzes

durchgeführt.

Entfaltung von Zeitreihendaten Für jedes ausgewählte Konto wird ein Auszug des Kontostandes eines jeden betrachteten Monats erstellt. Die so erhaltenen vier Datensätze werden anschließend verschmolzen. Dies erfolgt durch das Schaffen eines eigenen Attributes je zeitsensitivem Attribut je Monat. Zeitsensitive Attribute sind z. B. die entsprechenden Guthaben je Produkt der Bank. Zeitnichtsensitive Attribute sind Attribute, deren Werte sich während des betrachteten Zeitraums nicht ändern, wie z. B. die Kontonummer. Der zu analysierende Datensatz enthält mehr als 870 Attribute.

Zielvariablendefinition Da im erstellten Datensatz kein Zielattribut vorhanden ist, wird ein solches erzeugt. Durch eine Regelauswertung erfolgt eine Kennzeichnung des Datensatzes, ob es sich beim betrachteten Konto um das Konto eines eher wechselwilligeren oder wechselunwilligeren Kunden handelt. Das Konto eines wechselwilligen Kunden muss innerhalb des betrachteten Zeitraums 12/2001 - 03/2002 geschlossen worden sein, und der Kündigungsgrund entspricht einer definierten Auswahl.

Statistische Datenanalyse Um die Anzahl der Attribute zu reduzieren, wird eine statistische Analyse durchgeführt. Dies umfasst die Ermittlung von Attributen mit einem hohen Anteil fehlender Werte und Konstanten. Es wird der Anteil von fehlenden Werten, die relative Frequenz von Attributwerten, der Durchschnitt und die Verteilung der Werte je Attribut ermittelt. Weiterhin erfolgt die Entfernung aller Attribute mit fehlenden Werten sowie von Attributen mit einem Anteil eines Attributwertes von 99,95%, so dass die Zahl der Attribute für die Analyse von 870 auf 655 reduziert wird.

Sensitivitätsanalyse von Attributwerten   Die Sensitivitätsanalyse bestimmt den Beitrag eines Attributwertes zum Modellierungsprozess. Die Anwendung eines Algorithmus basierend auf der Idee der Rough Sets berechnet für jeden Attributwert einen Beitragswert, der die Korrelation mit den anderen Attributen widerspiegelt. Zu hohe Werte deuten auf Informationslücken hin. Dies heißt, dass Bedeutungen einzelner Attributwerte oder Attributbezeichnungen dem Analysten nicht bekannt sind. Sofern diese Unklarheiten nicht beseitigt werden können, erfolgt ein Ausschluss des Attributes aus der weiteren Analyse. Sind die Beitragswerte für ein Attributwert innerhalb eines Attributes konstant, d.h. die Standardabweichung des Attributes ist 0, so wird dieses Attribut aus der weiteren Betrachtung ausgeschlossen. Die Anwendung der angeführten Auswahlkriterien für die Attribute ergibt einen Datensatz mit letztlich 242 Attributen.

Erstellung eines Analysedatensatzes   Der Datensatz für die Analyse enthält 45814 Tupel. Von diesem Datensatz betreffen 2,2% die Einträge der Kunden, welche die Bank verlassen haben. Für die Erstellung eines Klassifikationsmodells wird jedoch eine ausgewogene Verteilung zwischen Bestandskunden und Kunden mit einer Kündigung benötigt. Es wird daher ein ausbalancierter Datensatz mit 938 zufälligen Bestandskunden und 938 Kunden mit Kündigung erstellt. Dieser Datensatz wird im Verhältnis 5:1 der Kunden ohne und mit Kündigung in einen Trainings- und Testdatensatz gesplittet. Zum abschließenden Modellvergleich wird der komplette Ausgangsdatensatz mit dem selben Verhältnis von Bestandskunden und Kunden mit einer Kündigung für Tests gesplittet.

Modellierung   Der erstellte Datensatz wird mit verschiedenen Verfahren analysiert.

Modellierung mit Klassifikationsverfahren   Um das Ziel einer Einordnung der Kunden in verschiedene Gruppen zu erreichen, wird die Modellierung mit Verfahren der Klassifikation durchgeführt. Um

eine Vergleichbarkeit zwischen den erzielten Modellen zu gewährleisten, wird das Qualitätsmaß *Lift* herangezogen. Die Zählung der
einfachen Klassifikationsfehler „Falsch Positiv" und „Falsch Negativ"
wird aufgrund des unterschiedlichen Einflusses und damit verbun-
dener verschiedener Konsequenzen der Fehlklassifizierungen auf die
Werbemaßnahmen der Bank bei der vorliegenden Fragestellung abgelehnt. Die Messung der Genauigkeit wird ebenfalls nicht als Qualitätsmaß anerkannt, da sich die Fragestellung nicht mit der genauen
Vorhersage eines jeden Kunden beschäftigt, sondern es wird vielmehr
eine Kundengruppe mit einem hohen Anteil an wechselwilligen Kunden gesucht. Weiterhin ist der zu untersuchende Datensatz verzerrt
und verschmutzt, so dass kein fehlerfreies Modell erwartet werden
kann. Zur Bestimmung des *Lift* wird anhand eines durch das jeweilige
Klassifikationsmodell bestimmten Scores eine Sortierung der Daten
vorgenommen. Das Ziel ist, in einem festgelegten Bereich der sortierten Daten, z. B. den oberen 10% der Daten, einen möglichst hohen
Anteil an Zieldaten zu finden. Ziel der zu erzeugenden Modelle ist
somit, einen hohen Anteil der wechselwilligen Kunden im oberen Bereich der sortierten Daten zu positionieren.

Boosted Bayessche Netzwerke   Bei boosted Lernverfahren mit
zwei verschiedenen Werten des Zielattributes wird zunächst ein Klassifizierer über allen Tupeln des Trainingsdatensatzes gebildet. Die
bei der Kontrolle mit diesem Klassifizierer falsch zugeordneten Tupel
werden danach in einer zweiten Iteration mit einer höheren Wichtung
versehen, und erneut wird ein Klassifizierer erzeugt. Im vorliegenden
Fall wurden fünf Klassifizierer mit einer Software ermittelt. Von den
betrachteten Attributen wurden 14 Attribute als für das Modell si-
gnifikante Merkmale charakterisiert.

Entscheidungsbäume   Ziel von Entscheidungsbäumen ist die Erzeugung von leicht verständlichen Regeln. Für dieses Fallbeispiel wurde der Algorithmus C4.5 modifiziert, um eine Bewertung des erzielten
Modells mit dem Qualitätsmaß Lift zu ermöglichen.

Neuronale Netzwerke Zur Modellierung mit neuronalen Netzwerken wurde die Software NeuralWare Predict[4] eingesetzt.

Selektive Bayessche Netzwerke Naive Bayessche Klassifizierer basieren auf der Annahme, dass die Attribute eines Datensatzes hinsichtlich der Zielvariablen voneinander unabhängig sind. Die selektiven Bayesschen Netzwerke stellen eine Erweiterung dar, und erzeugen im Vergleich bessere Modelle bei korrelierten Attributen eines Datensatzes. Ausgehend von einer leeren Attributmenge zur Beschreibung der Zielvariable wird je ein Attribut zum Modell hinzugefügt, welches die bessere Genauigkeit beim Test erzielt. Mit den Modellattributen korrelierte Attribute des Datensatzes werden bei der Auswahl ignoriert. Das Hinzufügen weiterer Attribute endet, sobald die Testergebnisse sich im Vergleich zur vorhergehenden Modellattributmenge nicht verbessern.

Ensemble von Klassifizierern Als letztes wurde im betrachteten Fallbeispiel ein Ensemble von verschiedenen Klassifizierern erstellt. Hierzu wurden die mit den beschriebenen Verfahren ermittelten Klassifizierer nach dem Mehrheitsverfahren miteinander kombiniert.

Ergebnis

Im Folgenden seien die lt. Fallbeispiel hervorstechendsten Merkmale kurz aufgeführt, die auf wechselwillige Kunden schließen lassen.

- aktueller Kontostand: Kontostände von unter 1000$ weisen auf einen wechselwilligen Kunden hin. Ebenfalls auffällig in Bezug auf einen baldigen Wechsel sind konstante Kontostände mit 12$ und 15$.

- Segmente: Wechselwillige Kunden sind den Segmenten A1-A4 im DWH zugeteilt.

---

[4]http://www.neuralware.com

- Jährlicher Fälligkeitstermin der Gebühren: Kunden mit einem niedrigen Kontostand lösen die Geschäftsbeziehung vor dem Fälligkeitstermin der Gebühren.

- Anzahl der Zahlungen: Die Anzahl der Ein- und Auszahlungen hält sich die Waage. Es wird kein Guthaben auf dem Konto angespart.

- Verzinsung: Eine Verzinsung von 4,9% scheint ein Schwellwert für Ratenjäger zu sein.

Die Prüfung der gefundenen Kriterien erfolgte in einem Feldtest. Die Kunden der Bank wurden mit dem erzeugten Modell sortiert. Die ersten 4% der Kunden wurden dann zufällig auf zwei Kundengruppen verteilt. Jede Kundengruppe umfasste 15000 Kunden. Die erste Kundengruppe wurde gezielt beworben, die zweite Kundengruppe nicht. Aus der ersten Kundengruppe wechselten nach einer Zeit lediglich 0, 12% die Bank, während im selben Zeitraum aus der zweiten Gruppe 5, 6% der Kunden die Bank verließen. Es wurde der Schluss gezogen, dass mit rechtzeitiger gezielter Werbung das Kundenverhalten beeinflusst werden kann. Weiterhin zeigt die hohe Wechselrate in der zweiten Gruppe, dass das Modell in der Lage ist, die wechselwilligen Kunden in die oberen 4% der Kundenliste einzusortieren.

Bewertung des Fallbeispiels

Wie ist das Ergebnis dieses Fallbeispieles zu werten?

Der Ablauf dieses Fallbeispieles lässt sich aufgrund der Vorgehensweise nach dem Prozessmodell nach Fayyad (Abschnitt 2.2.1) leicht wiederholen, und die derzeit erzielten Erkenntnisse mit Ergebnissen basierend auf aktuellen Daten vergleichen. Weiterhin wurde nicht auf das Ergebnis der Anwendung eines einzigen Klassifizierungsverfahrens gesetzt, sondern Ergebnisse aus verschiedenen Verfahren wurden gegeneinander abgewogen. Ein Schwachpunkt des favorisierten Modells bildet der Ausgangsdatensatz. In diesem ist nicht deutlich, wie vermögend die betrachteten Kunden sind. Ein Gehaltskonto wird nicht zum Ansparen von Vermögen genutzt. Auswirkungen bei einem

Wechsel der Bank eines Gehaltskontos sind für einen Bankkunden höher, da z. B. entsprechende Zahlungsabsender über eine neue Kontoverbindung zu informieren sind. Weiterhin sind die der Studie zugrundeliegenden Kundensegmente nicht klar definiert und voneinander abgegrenzt. Die Bank hat allerdings die Chance, auf Grundlage des bestimmten Modells Bankkunden gezielt durch Marketingmaßnahmen zu beeinflussen, und somit einer Abwanderung von Kunden vorzubeugen. Damit gehen allerdings folgende Risiken einher. Die analysierten Kunden sind Bankkunden aufgrund des Marketings zur Kundengewinnung der Bank geworden. Sofern sich das Marketing zur Kundengewinnung geändert hat, wird ein anderer Kundenkreis mit dem gewonnenen Modell bewertet. Das erzielte Modell ist jedoch nicht zwangsweise auf den geänderten Kundenkreis übertragbar. Durch die Eliminierung von Datensätzen mit fehlenden Werten erfolgt eine Begrenzung und damit Verzerrung der zu analysierenden Daten. Die Auswahl auf vollständige Datensätze bildet nicht die Realität ab. Die Hintergründe für fehlende Daten werden nicht berücksichtigt. Ein weiterer Schwachpunkt ist die unausgewogene Verteilung der Trainingsdaten zu den jeweiligen Klassen. Die eingesetzten Verfahren berücksichtigen ein solches Ungleichgewicht nicht mit selben Maß bei der Konstruktion der Modelle.

2.3.2 Fallbeispiel 2: Bewertung eines Kreditausfallrisikos

Brusilovskiy und D. Johnson (2008) veröffentlichten ein Fallbeispiel aus dem Bankensektor, in dem anhand von Kundendaten ein Modell entwickelt wurde, mit dessen Hilfe ein möglicher Kreditausfall bei Neukunden bewertet wird. An der Umsetzung dieses DM-Projektes waren die zwei Unternehmen Business Intelligence Solutions (BIS) und Strategic Link Consulting (SLC) beteiligt. Das Projekt wurde in der USA durchgeführt.

Aufgabenstellung

Bei der Kreditvergabe muss ein Verleiher das Ausfallrisiko für einen vergebenen Kredit ermitteln. Eine gängige Praxis des Verleihers zur Bewertung des Kreditnehmers ist das Kreditscoring. Das Ziel des Fallbeispieles ist, ein nicht-parametrisiertes und nicht-lineares Modell mittels eines DM-Projektes zu entwickeln, mit dem eine Vorhersage des Kreditausfallrisikos bei der Bewertung eines Kreditnehmers vorgenommen wird.

Hierzu sind die folgenden Aufgabenstellungen zu lösen:

1. Es ist ein Regressionsmodell zu entwickeln, anhand dessen ein Scoring auf einer 100 Punkte-Skala vorgenommen wird. Es wird hierbei zwischen zwei Kundengruppen (gut / schlecht) unterschieden.

2. Es sind die Charakteristiken zu identifizieren, die vorrangig zu der Bewertung eines Kunden als ein guter Kreditnehmer führen.

3. Es ist ein Segmentierungsmodell zu entwickeln, womit Kunden sich in die Kundengruppen hohes, mittleres und niedriges Ausfallrisiko einteilen lassen.

4. Es ist ein Zusammenhang zwischen dem Scoringmodell und einer räumlichen Verteilung der guten/schlechten Kunden aufzuzeigen.

Um einen Kunden als einen guten Kunden einzustufen, lässt sich das Ergebnis des Regressionsmodelles mit zwei positiven Schwellwerten $h1$ und $h2$, wobei $h2 < h1 < 1$, und den folgenden Regeln bei der Ermittlung der Wahrscheinlichkeit des Kreditausfallrisikos eines Kreditnehmers $p(c)$:

- niedriges Risiko: $h1 < p(c)$

- mittleres Risiko: $h2 < p(c) < h1$

- hohes Risiko: $p(c) < h2$

nutzen.

Die genauen Werte der Schwellwerte $h1$ und $h2$ werden von SLC geliefert, bzw. von BIS auf Grundlage einer Kostenmatrix ermittelt.

Prozess

Der Prozess dieses Fallbeispiels umfasst die folgenden Teilschritte:

1. Problemdefinition aus Domänensicht

2. Beschreibung der Daten

3. Explorative Datenanalyse und Datenvorverarbeitung

   a Reduktion der Kategorien

   b Erstellen von neuen Variablen

   c Korrelationsanalyse

   d Behandlung von fehlenden Werten

4. Modellierung mit TreeNet

5. Anreicherung des Ergebnisses mit GIS-Daten

Problemdefinition aus Domänensicht   Zur Bewertung eines Kredit-ausfallrisikos ist ein nicht-lineares und nicht-parametrisiertes Regressionsmodell als Scoringmodell mit DM-Methoden zu entwickeln.

Beschreibung der Daten   Dieses Fallbeispiel wurde auf einem von SLC bereitgestellten Datensatz durchgeführt. Dieser Datensatz enthielt 5000 Kundendatensätze. Hierbei war das Verhältnis von guten bzw. schlechten Kunden ausgewogen. Der Datensatz wurde für die Analyse in einen Trainingsdatensatz mit 4000 Tupeln sowie in einen Testdatensatz mit 1000 Tupeln gesplittet. Das Verhältnis von guten und schlechten Kunden ist in beiden Teildatensätzen ausgewogen.

Der Datensatz enthält 50 Attribute mit unterschiedlicher Skalierung. Im Folgenden finden sich einige Beispiele:

- Intervall-skalierte Attribute: Alter, Durchschnittsgehalt, Kreditscore eines Kreditbüros, ...

- nominal-skalierte Attribute mit einer kleinen Anzahl von Kategorien: Zahlungsfrequenz mit 4 Kategorien

- nominal-skalierte Attribute mit einer hohen Anzahl von Kategorien: Namen, Bankleitzahl, E-Mail-Domäne, ...

- Datumsangaben: Datum des Kreditantrags, Angestellt seit, Fälligkeitsdatum, ...

Weiterhin sind die Postleitzahl des Kunden, sowie Kundenidentifikationsdaten (Kundennr., Nutzernr., Kontonr., ...) enthalten. Es sind keine psychologischen Profildaten eines Kunden enthalten. Folgende Daten sind von besonderem Interesse:

- „BV completed": Der Antragsteller hat einen Bankverifikationsprozess durchlaufen. Die Domäne ist binär.

- „Score": Die bisherige Kreditscore ist von einem externen Kreditbüro vergeben.

- „Email Domain": Das Attribut enthält die Domäne der Mailadresse eines Kunden.

- „Monthly" (Monatliches Einkommen): Enthält das monatliche Einkommen des Antragstellers.

- „Required Loan Amount" (Beantragte Kreditsumme): Enthält die Höhe des beantragten Kredits.

- „Credit Model" (Kreditmodell):

  - Neukunden durchlaufen einen dreistufigen Bewertungsprozess. Die Bewertung wird durch externe Büros vorgenommen. Die Kreditsumme je Kredit ist für Neukunden beschränkt. Es entstehen normale Gebühren.

  - Bestandskunden durchlaufen keinen erneuten Bewertungsprozess. Der Kreditrahmen ist höher, und die Gebühren sind niedriger.

- „Is Originated" (Kredit vergeben): Eine Bewilligung eines Kredits wird mit 1 gekennzeichnet. Eine 0 kennzeichnet eine Ablehnung eines Kreditantrags. Nicht in Anspruch genommene Kredite bzw. nach einer Bewilligung abgelehnte Kredite werden ebenfalls mit 0 gekennzeichnet.

- „Loan Status" (Kreditstatus):
  - Der Status für „gute" Kunden wird mit dem Wert D gekennzeichnet.
  - Der Status für „schlechte" Kunden ist gekennzeichnet mit einem der Werte P, B, R oder C.

Die weiteren Attribute des Datensatzes sind selbsterklärend.

Es wird eine binäre Zielvariable definiert. Alle guten Kunden werden als risikoarm eingestuft, alle anderen Kunden als risikoreich.

Explorative Datenanalyse und Datenvorverarbeitung   Es werden Wertbereinigungen in einigen Attributen durchgeführt.

Im Attribut „Market Source" werden 45 verschiedene Werte verwendet, allerdings sind lediglich 18 Werte mit einer hohen Ausprägung vorhanden. Bei einer Bereinigung der Attributwerte werden die Werte mit einer niedrigen Ausprägung in einem neuen Wert zusammengefasst.

Die Analyse der Werte des Attributes „Email Domain" zeigt z. B. fünf verschiedene Schreibweisen der Domäne „yahoo.com", und sieben verschiedene Schreibweisen der Domäne „sbcglobal.net". Es erfolgt hier eine Korrektur sämtlicher Schreibweisen auf je eine festgelegte Schreibweise.

Es werden neue Variablen erzeugt, wobei Datums- und Zeitangaben in Zeitintervalle umgewandelt werden, wie im Folgenden beispielhaft zu sehen.

- „orig duration" (Entscheidungsdauer) = „Origination Date" - „Application Date"

- „emp duration" (Bearbeitungszeit) = „Origination Date" - „Employment Date"

- „due duration" (Kreditlaufzeit) = „Loan Due Date" - „Origination Date"

Für 8 Intervall-skalierte Attribute wird der Spearman Korrelationskoeffizient berechnet. Es wird keine auffällige Korrelation zwischen den betrachteten Attributen gefunden.

Abschließend lässt sich der analysierte Datensatz wie folgt charakterisieren:

- hohe Dimensionalität des Datensatzes mit über 50 Attributen

- Uncharakterisierbare Nicht-Linearitäten

- Präsenz verschieden skalierter Attribute (numerisch, kategorisch)

- Fehlende Werte bei einigen Attributen

- Großer Anteil von kategorischen Attributen mit sehr vielen Kategorien und Ungleichverteilung der Ausprägungen

- Nicht normalverteilte numerische Attribute

Modellierung mit *TreeNet* Der vorliegende Datensatz beinhaltet eine große Zahl von kategorischen Attributen mit je einer hohen Zahl an Kategorien. Daher wird die Anwendung von traditioneller parametrisierter (z. B. statistisch logistische) sowie nichtparametrisierter (z. B. Lowess, Generalisierte Additive Modelle) Regression zur Modellierung ausgeschlossen. Algorithmen, welche auf linearer ganzzahliger bzw. nichtlinearer Programmierung beruhen, werden aus dem selben Grund verworfen. Clusteralgorithmen rechnen mit der Euklidischen Distanz, und sind daher aus Sicht der Autoren für die Analyse dieses Datensatzes ebenfalls ungeeignet.

Analysealgorithmen der Wahl sind der *TreeNet*-Algorithmus und der *Random Forest*-Algorithmus.

Ein mögliches Modell zur Beantwortung der Fragestellung sind Regeln. Regeln sind einfach zu verstehen und leicht auf neue Daten anzuwenden. Die beiden gewählten Algorithmen erzeugen jedoch kein solch einfach zu verstehendes Regelmodell, sind jedoch genauer in der Vorhersage.

Um das „beste" Modell zu finden, wird vom Analysten in einem extensiven systematischen Experiment die entsprechende Parametrisierung des Analysesystems (zischen 20 und 100 Parametern) ermittelt. Die Autoren bezeichnen die Suche nach einem optimalen Modell als eine Kombination aus Kunst und Wissenschaft, welche Erfahrung und Expertise des Analysten erfordert.

Der gewählte *TreeNet*-Algorithmus basiert auf einem stochastischen „Gradient Boost"-Verfahren. Ein Synonym ist der „Multiple Additive Regression Tree". Das Ergebnis dieser nichtparametrisierten Regression ist ein Modell, welches eine Linearkombination von kleinen Bäumen darstellt.

Ein mit *TreeNet* erzeugtes Modell lässt sich ausdrücken in der Form:

$$m = A_0 + B_1 * T_1(X) + B_2 * T_2(X) + \ldots + B_n * T_n(X)$$

Es erfolgt eine schrittweise Neubewertung der mit einem erzeugten Modell fehlklassifizierten Beobachtungen. Die fehlklassifizierten Beobachtungen werden gewichtet, und es wird ein weiteres Modell für diese Beobachtungen erzeugt.

Die Vorteile des *TreeNet*-Algorithmus sind lt. Autoren die folgenden:

- fehlertolerant gegenüber dem Zielattribut, z. B. Schreibfehler

- resistent gegenüber Overfitting

- gute Vorhersage bei Anwendung auf unbekannte Daten

- Verarbeitung von kategorischen und kontinuierlichen Attributen

Ergebnis

Es wurden zwei Modelle mit dem *TreeNet*-Algorithmus erzeugt. Die mehr als 20 Parameter des Algorithmus wurden je systematisch angepasst.

Erstes Modell Die Fehlerrate des ersten Modells beträgt bei den Trainingsdaten 14%, bei den Testdaten 19%. Es werden acht Attribute als Treiber identifiziert. Dies sind „Bank Name", „Merch Store", „Email Domain", „Market Source", „BV completed", „Fin Charge", „due duration" und „orig duration".

Es wurde weiterhin der Einfluss der Einzelwerte der kategorischen Attribute auf das Zielattribut untersucht. Der Einfluss der Einzelwerte des Attributes „Market Source" auf die Klassifizierung als ein guter bzw. schlechter Kunde schwankt.

Zweites Modell Die Fehlerrate des zweiten Modells beträgt bei den Trainingsdaten 9%, bei den Testdaten 20%. Es werden 17 Attribute als Treiber identifiziert. Dies sind „Bank Name", „Email Domain", „Credit Model", „Market Source", „BV completed", „Merchant", „Age", „Score", „orig duration", „emp duration", „Appramt", „Monthly", „due duration", „Courtesy Days", „Customer Zip", „Average Salary" und „Final Charge".

Es wird weiterhin der Einfluss der Werte der kategorischen sowie Intervall-skalierten Attribute auf das Zielattribut untersucht. Die E-Mail Domänen lassen sich in fünf Einflussstufen, beginnend bei einem hohen positiven Einfluss bis zum einem hohen negativen Einfluss, auf die Klassifikation eines Kunden unterteilen.

Abschluss Zuletzt wird eine Visualisierung des prozentualen Anteils an der Gesamtbevölkerung eines Bundesstaates der USA von gut und schlecht klassifizierten Kunden auf einer Landkarte durch eine Verknüpfung mit der Postleitzahl erstellt. Dies soll das Verständnis für das erzeugte Modell erhöhen.

Die Autoren sind der Ansicht, dass die erzeugten Modelle eine gute Basis darstellen, um die Bewertung von Kunden alternativ zur traditionellen Scorecard-Bewertung durchzuführen.

Bewertung des Fallbeispiels

Wie ist das Ergebnis dieses Fallbeispieles zu werten?

Ein Schwachpunkt der präsentierten Modelle ist, dass ein kausaler Zusammenhang zwischen den untersuchten Attributen und dem Ziel des Projektes undurchsichtig bleibt. Kann z. B. der Anbieter einer Mailadresse eines Kunden eine Aussage über die Zuverlässigkeit der Kredittilgung eines Kunden ermöglichen? Die Herkunft der analysierten Daten ist unbekannt. Sind die Daten ein Ergebnis einer Selbsteingabe durch den Kunden? Wurden ausgefüllte Formulare durch einen Bankmitarbeiter für die Analyse erfasst, oder wurden Formulardaten durch maschinelle Systeme eingelesen? Eine Antwort auf diese Fragen beeinflusst die Maßnahmen zur Bereinigung der Daten vor einer Analyse. Teilweise sind die Kategorien für Attribute unbegründet. Welche Aussagekraft steckt z. B. hinter den einzelnen Kategorien für „schlechte" Kunden? Ein Schwachpunkt ist die Vorfestlegung auf den Analysealgorithmus *TreeNet* bereits bei Projektbeginn. Die Daten wurden daher „passend" für dieses Verfahren aufbereitet. Ein Chance für die Bank besteht darin, eine Risikobewertung auf Grundlage eines objektiven Modells vornehmen zu können. Ein Risiko ist hierbei jedoch das Hinzuziehen eines externen Scorewertes für den Kunden. Wie dieser Wert begründet wird, ist nicht bekannt. Beim angewendeten Analyseverfahren fällt ein hoher Unterschied zwischen den Fehlerraten bei den Test- und Trainingsdaten auf. Der Analysealgorithmus erzeugt demnach ein an die Trainingsdaten über-angepasstes Modell.

Gerade bei diesem Fallbeispiel macht sich ein fehlender systematischer Zugang zum Thema DM bemerkbar. Zwar erfolgt eine Modellbildung, allerdings entfällt die Einordnung und Bewertung der resultierenden Modelle mit vorliegenden Erkenntnissen. Zusammenhänge zwischen den analysierten Attributen werden nicht geklärt. Warum wurden gerade diese Attribute für die Analyse herangezogen? Inwieweit deckt sich z. B. die Einordnung der regionalen Kundenzugehörigkeit in Regionen mit der Durchmischung von Einkommen o.ä.? In welcher Art und Weise sind die Daten zustande gekommen? Wie wurden sie erhoben, und was wurde bei der Datenerfassung zur Qualitätssicherung unternommen? Wie glaubwürdig sind die Daten z. B. E-Mail Adresse zur Selbstauskunft der Kunden?

2.3.3 Defizite Fallbeispiele

Vergleicht man die in den vorherigen Abschnitten erarbeiteten Modelle des Fallbeispieles 1 (Abschnitt 2.3.1) und Fallbeispieles 2 (Abschnitt 2.3.2) mit der Modelldefinition in Abbildung 2.1, so stellt man fest, dass ein jeweilig resultierendes Modell M^* aus einer Menge von möglichen Modellen $M_1, \ldots, M_k$ ausgewählt wurde. Jedes Modell verfolgt ein gesetztes Ziel und wurde mit verschiedenen Verfahren des DM von einer entsprechend interessierten Community erarbeitet. Die Einbettung in den gegebenen Kontext erfolgt rudimentär, da z. B. die Validierung mit anderen bekannten Mustern bei den Kundengruppen unterbleibt. Einschränkungen bei der Verwendung der Modelle werden nicht explizit gegeben. Im Hintergrund bleibt, wie die Modelle in der Praxis Anwendung finden, und in welcher Art und Weise entsprechende Beobachtungsresultate in weiteren Analysen Berücksichtigung finden können. Gänzlich fehlt die Begründung, auf welchem Wissen und mit welchen Restriktionen bestimmte Methoden bei der Konstruktion der Modelle und Auswahl der analysierten Daten erfolgte.

Somit ergibt sich folgende Abbildung 2.5 der Einordnung der erarbeiteten Modelle.

In den folgenden Kapiteln werden die Grundlagen für die Vervollständigung des DM im Sinne der Definition des Modellbegriffs dargestellt. Die hierfür notwendigen Bestandteile der Infrastruktur und des Prozesses werden aufgezeigt.

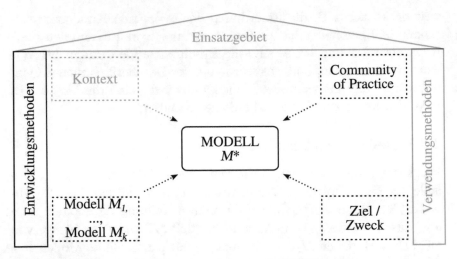

Abbildung 2.5: Modell des Data Mining der Fallbeispiele

3 Data Mining Design

In diesem Kapitel erfolgt eine Auseinandersetzung mit dem Verständnis, wie Data Mining strukturiert erfolgt.

3.1 Data Mining Design

Die Betrachtung von veröffentlichten Fallstudien (z. B. Abschnitt 2.3) und Beiträgen im Bereich des DM zeigt, dass die Umsetzung von Analyseergebnissen in die Praxis und der damit verbundene wirtschaftliche Erfolg oft ein wichtigerer Nachweis für die Richtigkeit der Ergebnisse als solches ist, als eine gut dokumentierte wissenschaftliche Herleitung anhand von anerkannten Kriterien. Die fehlende Systematik in der Herangehensweise im DM, entweder ist sie zu „ad-hoc" oder aber zu speziell auf das zugrundeliegende Problem zugeschnitten, ist daher nach Yang und Wu (2006) eines der wichtigen zu lösenden Probleme.

Nach Michalewicz und Fogel (2004) beginnt ein Prozess zur Lösung eines Problems aus der realen Welt mit einer Problemdefinition. Zu dieser gehört neben der Zielsetzung eine Spezifikation des Suchraumes, in welchem eine Lösung zu finden ist. Mit einer geeigneten Abstraktion lässt sich ein Modell (Abbildung 2.1) entwickeln, welches als Grundlage für die Anwendung einer Evaluierungsfunktion genutzt wird, mit der mögliche Lösungen bewertet werden. Schwierigkeiten bestehen darin, ein geeignetes Modell als Ergebnis der Abstraktion eines Suchraumes sowie der Problemstellung zu finden. Ein Modell, welches die Realität vollständig abbildet, ist komplex. In einem Modell, welches ausgewählte Ausschnitte der Realität widerspiegelt, können ggf. wichtige und im Modell vernachlässigte Eigenschaften der Realität für die Evaluierungsfunktion nicht verwendet werden. Durch

© Springer Fachmedien Wiesbaden GmbH, ein Teil von Springer Nature 2018
K. Jannaschk, *Infrastruktur für ein Data Mining Design Framework*,
https://doi.org/10.1007/978-3-658-22040-2_3

die Modellierung der Problemstellung stellt sich die Frage, inwieweit eine gefundene Lösung nur eine Näherungslösung zur ursprünglichen Fragestellung ist, und inwieweit die Lösung eine vollständige Lösung darstellt.

Der Prozess zur Lösung eines Problems nach Michalewicz und Fogel (2004) charakterisiert sich als: *Problem* $\Longrightarrow$ *Modell* $\Longrightarrow$ *Lösung*.

Mit einer fehlenden Systematik zu kämpfen, ist nicht neu. Bei der Entwicklung von Arzneistoffen wurde lange Zeit nach der Methode des Versuchs und Irrtums gearbeitet, zeigt Klebe (2009). Aus den Versuchsergebnissen leitete sich über die Zeit eine Wissensbasis mit Regeln für das rationale Design von Wirkstoffen ab. Erst folgend wurden Technologien z. B. in der Chemie, der Gentechnik oder Screeningmethoden entwickelt, die bei der gezielten Arzneiforschung eingesetzt werden können. Im Mittelpunkt der Arzneiforschung steht, welche Wirkung eine bestimmte Substanz auf den Organismus ausübt. Daher wird von einem rationalen Entwurf oder dem Wirkstoffdesign gesprochen.

Klebe (2009) definiert:

> Wirkstoffdesign ist Wissenschaft, Technik und Kunst zugleich. Eine Erfindung entsteht als Folge eines schöpferischen Akts, eine Entdeckung ist das Aufspüren einer bereits bestehenden Realität. Design schließt beide Prozesse ein, betont aber den gezielten Entwurf, ausgehend vom vorhandenen Wissen und den zur Verfügung stehenden Technologien. Zusätzlich spielen die Kreativität und die Intuition des Forschers eine entscheidende Rolle.

In diesem Zusammenhang fällt der Begriff „Design", den Wybo Houkes u. a. (2002) wie folgt definieren:

> Design is a type of action [, ... based on] intentions, plans and [. . .] 'practical reasoning'.[1]

---

[1] Design ist eine Handlung, basierend auf Planung, Intention und 'praktikablem Schließen'.

Für Cross (1999) gehören die drei Kategorien „Mensch", „Prozess" und „Artefakt" zum Design unweigerlich zusammen.

Wybo Houkes u. a. (2002) unterzieht die Begriffe „Plan", „Intention" und „praktikables Schließen" einer genaueren Betrachtung.

- Die „Intention" wird als eine Kombination von Überzeugung und Bedürfnis angesehen. Nur der Wille etwas zu erreichen, veranlasst einen Menschen zur Durchführung eines Planes, sofern er glaubt, dass die Chance vorhanden ist, ein Ziel zu erreichen.

- Ein „Plan" spiegelt eine geordnete Folge von durchzuführenden Aktionen wider, um ein Ziel zu erreichen. Pläne unterliegen der Rationalität. (Teil-) Ziele sind zur gleichen Zeit erreichbar. Der Planende verlässt sich hierbei auf seine Überzeugung, die richtigen Aktionen durchzuführen. Ein Plan ist weiterhin Mittel-Zweck gebunden, da die gewählten Mittel zur angemessenen Erreichung des Zieles gewählt werden.

- Das „praktikable Schließen" bildet letztlich den Prozess ab, den ein Ausführender bei der Erstellung von Intentionen und Plänen, basierend auf seinen Überzeugungen und Bedürfnissen, durchläuft.

Das folgende Szenario bildet einen einfachen Prozess zur Erreichung eines Zieles Z durch einen Anwender ab. Zunächst wird der Anwender einen entsprechenden Plan pl unter Nutzung von Objekten $o_1, o_2, \ldots$ erstellen, von dem er glaubt, dass nach einer Ausführung das Ziel Z erreicht ist. Der Plan pl wird vom Anwender mit der Überzeugung erstellt, dass ihm sämtliche Möglichkeiten zur Umsetzung zur Verfügung stehen, bzw. dass diese im Verlauf der Umsetzung gegeben sein werden. Der erstellte Plan pl wird anschließend an beteiligte Personen kommuniziert und umgesetzt, indem die Objekte $o_1, o_2, \ldots$ tatsächlich genutzt werden. Die durch die Umsetzung erzielte Lösung L wird mit dem ursprünglich vorgegebenen Ziel Z verglichen, und sofern eine Abweichung gegeben ist, erfolgt eine Wiederholung des Prozesses mit einer Neuformulierung des Zieles Z oder einer Revision des erstellten Planes pl unter Berücksichtigung der gesammelten Erfahrungen durch den Anwender. Die Grundbestandteile des Prozesses sind *Zielstellung, Mittel, Aktion, Vergleich* und *Evaluierung*.

Nachteile des geschilderten Szenarios sind, dass nur auf vorhandene Objekte zurückgegriffen wird. Weiterhin wird implizit vorausgesetzt, dass es zwingend möglich ist, das formulierte Ziel überhaupt zu erreichen. Weiterhin ist das Szenario sehr abstrakt, da Voraussetzungen an eine Nutzung der Objekte nicht berücksichtigt werden.

Der geschilderte Prozess zur Zielerreichung ist deshalb zu erweitern. Es wird ein Ziel Z' definiert, von dem angenommen wird, dass es eine möglichst konsistente und direkt erreichbare Näherung an das Ziel Z unter Berücksichtigung einer Menge von Anforderungen und Voraussetzungen V ist.

Ein Plan pl sieht die Nutzung existierender und die Entwicklung neuer Artefakte $ar_1, ar_2, \ldots$ vor, wobei das Artefakt ar_1 die Funktionen $f_1, g_1, \ldots$ unter Berücksichtigung der Voraussetzung v_1, das Artefakt ar_2 die Funktionen $f_2, g_2, \ldots$ unter Berücksichtigung der Voraussetzung $v_2, \ldots$, bereitstellt, um das Ziel Z' zu erreichen. Anschließend wird der Plan pl an beteiligte Personen kommuniziert und ausgeführt, wobei die Artefakte $ar_1, ar_2, \ldots$ genutzt und entwickelt werden. Die Gestaltung der Artefakte $ar_1, ar_2, \ldots$ erfolgt hierbei in einem gesondert betrachteten Gestaltungsprozess, ist jedoch vom Ziel Z' abhängig. Nach Ausführung des Planes pl wird die erhaltene Lösung L' mit dem Ziel Z' verglichen, und im Falle einer nicht ausreichenden Lösung L' erfolgt die Wiederholung des Prozesses mit einer Neuformulierung des Zieles Z' oder einer Revision des Planes pl oder einer Änderung der entwickelten Artefakte $ar_1, ar_2, \ldots$.

Der Gestaltungsprozess eines Artefaktes wird lt. W. Houkes und Vermaas (2010) ebenfalls mit den Bestandteilen *Zielstellung, Mittel, Aktion, Vergleich* und *Evaluierung* charakterisiert. Die Zielstellung wird formuliert mit einem Design δ für ein Artefakt ar_n, welches die Funktionen $f_n, g_n, \ldots$ realisieren soll, und hierbei die Voraussetzungen und Anforderungen v_n erfüllt. Ein Mittel zur Umsetzung des Designs δ kann ein Verweis auf ein bereits existierendes Artefakt ar' mit entsprechenden Funktionen $f', g', \ldots$ sein, welches dem geforderten Design δ nahe kommt, oder das gesuchte Artefakt lässt sich als eine Komposition verschiedener Artefakte $ar'_{n1}, ar'_{n2}, \ldots$ mit entsprechenden Teilfunktionen $f'_{n1}, g'_{n1}, \ldots$ und $f'_{n2}, g'_{n2}, \ldots$ realisieren. Die Entwicklung der abhängigen Artefakte $ar'_{n1}, ar'_{n2}, \ldots$ erfolgt rekursiv und analog dem vorgestellten Gestaltungsprozess eines Artefaktes. Das Design δ wird entsprechend zerlegt, die Artefakte werden entwickelt, und abschließend integriert. Für das erhaltene Artefakt ar_n wird eine Strukturbeschreibung δ' erstellt, welche mit dem Zieldesign δ verglichen wird. Sofern die Abweichung zwischen Zielstellung und Realisierung nicht den gegebenen Qualitätskriterien entspricht, erfolgt eine Wiederholung des Gestaltungsprozesses für das Artefakt durch eine Reformulierung des Designs bzw. der Voraussetzungen oder/und eine erneute Umsetzung des Designs zu einem Artefakt.

Forschungsdesign in der Wissenschaft ist nach Heinrich, Heinzl und Riedl (2010) ein Zusammenspiel von *Forschungsziel, Theorien und Technologien,* und *Forschungsmethoden* in Abhängigkeit vom jeweiligen Anwendungsfall. Es kann keiner der genannten drei Teilbereiche unabhängig vom anderen betrachtet werden, da zum Erreichen eines Forschungszieles nur bestimmte Forschungsmethoden zielführend sind. Diese wiederum basieren je auf bestimmten Theorien und Technologien.

Die Autoren Heinrich, Heinzl und Riedl (2010) zeigen zwei sich ergänzende Ziele der Wissenschaft auf, die sich ebenfalls auf das DM übertragen lassen. Ein Ziel ist die Erkenntnisgewinnung, ein zweites Ziel ist die Erkenntnisverwertung. Der Prozess zum Erreichen dieser Ziele ist in Abbildung 3.1 illustriert.

Teil der Erkenntnisgewinnung ist die Beschreibung des Untersuchungsgegenstandes. Eine präzise Beschreibung eines betrachteten Subjekts erfolgt mittels einer Fachsprache durch die Definition von Begrifflichkeiten und das Aufstellen von Behauptungen. Aufbauend auf den Beschreibungen kann ein Verhalten des Untersuchungsgegenstandes erklärt werden. Bei der Erklärung werden aus den in der Beschreibung aufgestellten Aussagen Erkenntnisse über Zusammenhänge und das Verhalten von Objekten abgeleitet, die sich in der Wirklichkeit durch Beobachtung zumindest nicht widerlegen lassen. Diese Zusammenhänge als Muster oder Gesetze lassen sich als

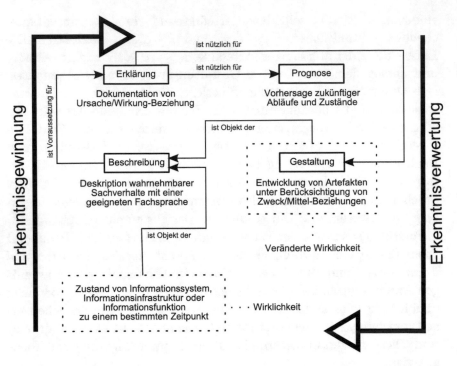

Abbildung 3.1: Wissenschaftsziele nach Heinrich, Heinzl und Riedl
(2010)

Ursache/Wirkung-Beziehungen dokumentieren. Aufbauend auf den
Erklärungen lassen sich Prognosen abgeben, wie sich ein Untersu-
chungsgegenstand in Zukunft verhalten wird. Die Autoren sind der
Meinung, dass für diese Prognosen keine Erklärungen notwendig sind,
da sie sich ebenfalls aus den gemachten Erfahrungen und Beobachtungen ableiten lassen, wie sie z. B. bei der Wettervorhersage auf Grundlage von Bauernregeln genutzt werden. Hier kann festgehalten werden, dass solche Prognosen eine starke Abhängigkeit vom Prognosti-
zierenden aufweisen, und nicht ohne weitere Prüfung als allgemeingül-
tig definiert werden können. Erklärungen werden ebenfalls genutzt,
um selbst Einfluss auf das Verhalten des Untersuchungsgegenstandes
in der Zukunft zu nehmen, indem ein Gestaltungsprozess in Gang

gesetzt wird. Hierfür werden aus den Ursache/Wirkung-Beziehungen
sogenannte Ziel/Mittel-Beziehungen, indem ein Gestalter zur Erreichung eines Zieles auf geeignete Mittel zurückgreift.

Im Bereich der Informatik sind die entsprechenden Mittel zur Erreichung von gesetzten Zielen die Konstruktion von Systemen bzw. die
Entwicklung von Vorgehensmodellen bzw. Strategien. Zusammengefasst werden diese Begriffe unter dem Dach eines Artefaktes. Alan R.
Hevner u. a. (2004) formuliert sieben Richtlinien, die beim Entwurf
von Artefakten berücksichtigt werden sollten. Diese Richtlinien sind
als Bestandteil der Design-Science-Forschung (DSF) in Tabelle 3.1
zusammengefasst.

Davon ausgehend beschreibt A. R. Hevner (2007) drei Zyklen der
DSF, die in Abbildung 3.2 zu sehen sind. Der zentrale Zyklus ist der
Entwurfszyklus. Er verbindet die beiden Kernaktivitäten der Design-
Science-Forschung: Konstruktion und Evaluierung von Artefakten.
Die bei der Evaluierung gewonnenen Erkenntnisse fließen in eine
Verfeinerung der Konstruktion eines Artefakts zurück. Ziel des Ent-
wurfsprozesses ist nach Simon (1996) das Finden eines im Vergleich
mit den Anforderungen befriedigenden und nicht vorrangig optimalen
Entwurfs. Ein Vergleich ist möglich, sofern der Anwendungsbereich
mit seinen Anforderungen bekannt ist. Ein Anwendungsbereich definiert sich aus Menschen, sowie organisatorischen und technischen
Systemen, welche zusammen auf ein gemeinsames Ziel hinarbeiten.
Aus der Identifizierung von Möglichkeiten und Problemen des Anwendungsbereiches können die Anforderungen für den Entwurfszyklus abgeleitet werden. Aus dem Kontext des Anwendungsbereiches
leiten sich jedoch nicht nur die Anforderungen ab, sondern es kann
ebenfalls ein Akzeptanzkriterium für die Evaluierung der Artefakte
gefunden werden. Die im Entwurfszyklus gefundenen Artefakte finden zur Verwendung in den Anwendungsbereich zurück. Feldtests der
Artefakte im Anwendungsbereich offenbaren Defizite oder praxisre-
levante Qualitätsprobleme, die nach einer Redefinition der Anforderungen und des Akzeptanzkriteriums durch einen erneuten Durchlauf
durch den Entwurfszyklus behoben werden können. Der dritte Zyklus
verbindet die Design-Science-Forschung mit einer Wissensbasis. Die-

Tabelle 3.1: Richtlinien der Design-Science-Forschung nach Alan R. Hevner u. a. (2004)

Richtlinie	Bezeichnung	Beschreibung
1	Entwurf als Artefakt	Das Ergebnis von DSF ist ein realisierbares Artefakt in der Art eines Konstruktes, eines Modells, einer Methode, oder einer Instantiierung.
2	Problemrelevanz	Im Fokus der DSF steht die Entwicklung von technologiebasierten Lösungen für wesentliche und relevante Probleme.
3	Evaluation des Entwurfs	Nutzen, Qualität, und Zweckmäßigkeit eines Design-Artefakts werden mit einer gut ausgeführten Evaluationsmethode gezeigt.
4	Forschungsbeitrag	Effektive DSF liefert klare und verifizierbare Beiträge im Bereich der Design-Artefakte, Design-Grundlagen, und/oder Design-Methoden.
5	Forschungsschwerpunkt	DSF beruht auf der Anwendung von Methoden sowohl der Konstruktion als auch der Evaluation von Design-Artefakten.
6	Entwurf als Suchprozess	Die Suche nach effektiven Artefakten erfordert die Nutzung der vorhandenen Mittel zur Erreichung der angestrebten Ziele unter Berücksichtigung der geltenden Gesetzmäßigkeiten im Anwendungsbereich.
7	Kommunikation der Forschung	DSF ist sowohl einem Technologie-Orientiertem als auch Management-Orientiertem Interessenten zu vermitteln.

se Wissensbasis speist sich aus wissenschaftlichen Theorien und etablierten Methoden, Erfahrungen und Expertisen des Anwendungsbereiches, sowie bereits im Anwendungsbereich bekannten Artefakten. Artefakte, die sich bei der Erforschung etablieren, können und sollten als Muster und Beispiele für zukünftige Problemstellungen in die Wissensbasis aufgenommen werden.

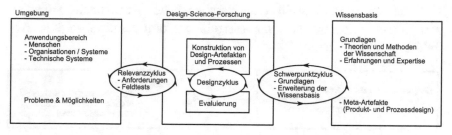

Abbildung 3.2: Design-Science-Forschungszyklen nach A. R. Hevner (2007)

Eine strukturierte Herangehensweise im DM setzt die Fähigkeit des Lernens voraus. Zeugmann (2005) beschreibt Aspekte des algorithmischen Lernens, die in jedem Lernverfahren zu spezifizieren sind:

1. Wer?: Es ist der „Lernende" zu benennen, und im Besonderen sind die Restriktionen des „Lernenden" aufzuzeigen.

2. Was?: Ein Lernziel ist festzulegen. Was soll gelernt werden?

3. Woher?: Um ein Lernverfahren durchzuführen, muss die Informationsquelle bekannt sein. Woraus kann der „Lernende" seine Schlüsse ziehen?

4. Hypothesenraum: Ein Hypothesenraum beinhaltet die Beschreibungen bzw. Konzepte, auf die sich ein „Lernender" stützen kann.

5. Vorhandenes Wissen: Es ist der Kontext des Anwendungsbereiches anzugeben. Was weiß ein „Lernender" über den Anwendungsbereich? Es besteht die Gefahr, dass der „Lernende" durch dieses Wissen beeinflusst wird. Die vollständige Angabe des Wissens ist hier nicht zielführend.

6. Erfolgskriterium: Letztlich ist zu klären, was ein erfolgreiches Lernen kennzeichnet bzw. wie ein „Lernender" seinen Erkenntnisgewinn demonstrieren kann.

Wie lassen sich die hier gesammelten Erkenntnisse in den Bereich des DM übertragen?
Petersohn (2005) stellt eine ganzheitliche Struktur in Form einer DM-Architektur vor. Die einzelnen Komponenten sind in Abbildung 3.3 zu sehen.

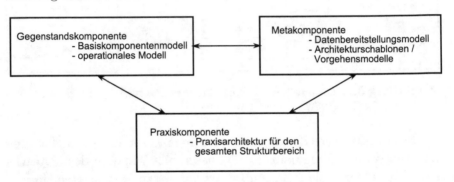

Abbildung 3.3: Komponenten der DM Architektur nach Petersohn (2005)

Die *Gegenstandskomponente* beinhaltet Algorithmen zur Skalentransformation, Normierungsverfahren für Attribute und ihre Werte, die eigentlichen DM-Verfahren, und Evaluierungsgrößen. Ein weiterer Bestandteil ist ein operationales Modell, in welchem die Anforderungen der Anwender, an die technische Infrastruktur und an die Daten gebündelt sind. Die *Metakomponente* umfasst ein allgemeines Datenbereitstellungsmodell, welches Anleitungen zur Datenselektion beinhaltet, auf denen die Algorithmen und Größen der Gegenstandskomponente angewendet werden, und ein Repository von Vorgehensmodellen für gelöste Problemstellungen. Die *Praxiskomponente* enthält eine Referenzarchitektur, welche in Projekten zum Einsatz kommt, und durch die Anwendung eine entsprechende Weiterentwicklung erfährt.

Betrachtet man den CRISP DM in Abschnitt 2.2.2, so sind die Teilschritte eines Prozesses zur Problemlösung nach Michalewicz und Fogel (2004) zu erkennen. Dies sind die drei Teile Problemdefinition, Suchraumspezifikation und Lösungsverwertung. Sowohl die Zieldefinition als auch die Datenspezifikation sind als Teile der Problemdefinition voneinander abhängig. Eine solche Abhängigkeit ist ebenfalls zwischen der Datenpräparation und der eigentlichen Datenanalyse als Teile der Suchraumspezifikation gegeben. Die Art und Weise, wie die gewonnene Lösung verwertet wird, ob als Teil eines Modells in einem Informationssystem oder als neues Wissen für einen weiteren DM-Prozess, ist von der gewonnenen Information selbst abhängig. Die Gruppierung der Teilschritte des CRISP DM bezogen auf den Problemlösungsprozess ist in Abbildung 3.4 illustriert.

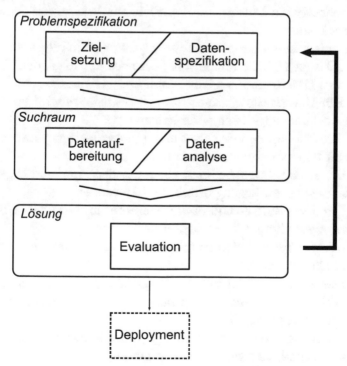

Abbildung 3.4: DM-Design als Problemlösungsprozess

Ziel des DM ist, ein Muster als Lösung für eine definierte Problemstellung zu finden, welches den analysierten Datensatz möglichst allgemein beschreibt bzw. Prognosen über Eigenschaften unbekannter Daten ermöglicht. Dieses Muster sowie die Parameter eines Musters sind dem Anwender vor einer Analyse nicht bekannt. Er versucht demnach, das Muster invers aus den betrachteten Daten zu generieren, bzw. einen induktiven Schluss aus der Betrachtung der Daten zu ziehen. Die Problemdefinition für den Anwender besteht darin, eine Musterfamilie zu spezifizieren, die als Zielstellung für die Datenbeschreibung dient. Während der Suchraumdefinition erfolgt durch die Anwendung von Verfahren zur Datentransformation eine Anpassung des zu analysierenden Datensatzes, sowie eine Auswahl an passenden Analyseverfahren. Damit einhergehend ergibt sich eine Eingrenzung der beobachtbaren Muster, die letztlich das Wissen des Anwenders erweitern können.

Führt man diesen Ansatz fort, so ergibt sich ein allgemeines Data Mining Design (DMD)-Framework, welches die folgenden Anforderungen des DM-Prozesses (siehe Abbildung 3.5) unterstützt.

(α): Ein Untersuchungsraum bzw. *Wissensraum* wird spezifiziert, der das vorhandene Wissen widerspiegelt.

(β): Der *Datenraum* beinhaltet einen vielschichtigen Datensatz mit unterschiedlichen Granularitätsstufen.

(γ): Der *Konzeptraum* definiert die Anforderungen und Eigenschaften einer möglichen Lösung durch den Anwender.

(δ): Der Hypothesen- und *Annahmeraum* umfasst die zu betrachtenden Fragestellungen eines Anwenders.

(ε): Die *Analysealgorithmen* erlauben das Aufspüren von Aussagen aus dem Datensatz.

(ζ): Die Analyse erfolgt mit der Betrachtung eines *Akzeptanzkriteriums*, welches eine Aussage über den Erfolg bzw. den Abbruch eines Analyseprozesses ermöglicht.

Die Diskussion des gefundenen Ergebnisses berücksichtigt die der Analyse zugrunde liegenden Gegebenheiten.

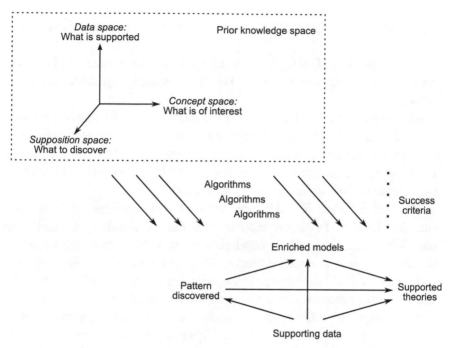

Abbildung 3.5: Data Mining Design

3.2 Data Mining Design Framework

Der in Abbildung 3.5 geschilderte Prozess des DM gliedert sich in drei Kreisläufe, in welchen sich mein Verständnis zur strukturierten Herangehensweise im DM widerspiegelt. Diese Ideen wurden von Jannaschk und Polomski (Jannaschk und Polomski (2010), Jannaschk und Polomski (2011)) teilweise veröffentlicht, und greifen die Wissensziele Beschreiben, Erklären, Prognostizieren und Gestalten auf.

In Fortführung des Prozesses zu einer Problemlösung von Michalewicz und Fogel (2004), so besteht ein vollständiger DM-Prozess aus drei horizontalen Ebenen, in welchen der Suchraum ausgehend von der realen Problemstellung in der obersten Ebene immer weiter abstrahiert wird, und der Wissensbegriff als zu erzielendes Ergebnis beginnend in der untersten Ebene konkretisiert wird. Ebenfalls un-

terscheiden sich in jeder Ebene die Methoden, um neues Wissen her-
zuleiten.

Das vorgestellte DMD-Framework spiegelt dies wieder, und soll als
erweiterbarer Rahmen dienen. Das Framework ist in Abbildung 3.6
illustriert.

Ausgehend von weichen und abstrakten Begrifflichkeiten in der
obersten Ebene zur Charakterisierung des Suchraumes werden die
Charakterisierungen in den unteren Ebenen konkreter, andererseits
wird das erhaltene konkrete Ergebnis eines DM-Prozesses der untersten Ebene mehr und mehr verallgemeinert.

Ein vollständiger DM-Prozess beginnt mit der User Driven Perspective (UDP). In dieser Ebene wird der Anwendungsbereich aus
der Sicht eines Anwenders beschrieben, und der Anwender versucht
durch den Einsatz verschiedenster Methoden wie z. B. Diskussionen
mit anderen Fachbereichsexperten oder Lesen von Fachliteratur sein
subjektives Wissen zu erweitern. In der darunter liegenden Model Driven Perspective (MDP) wird versucht, das Anwendungsgebiet durch
geeignete Modelle zu beschreiben. Mittels verschiedener Techniken
auf Grundlage dieser Modelle werden selbige erweitert. Die Erweite-
rungen der Modelle sind der Wissenszuwachs in der mittleren Ebene.
In der untersten Ebene, der Data Driven Perspective (DDP), werden
letztlich durch die Anwendung von Analysealgorithmen auf konkreten Datensätzen entsprechende Muster ermittelt. Diese Muster tragen
dazu bei, die Modelle der MDP zu erweitern.

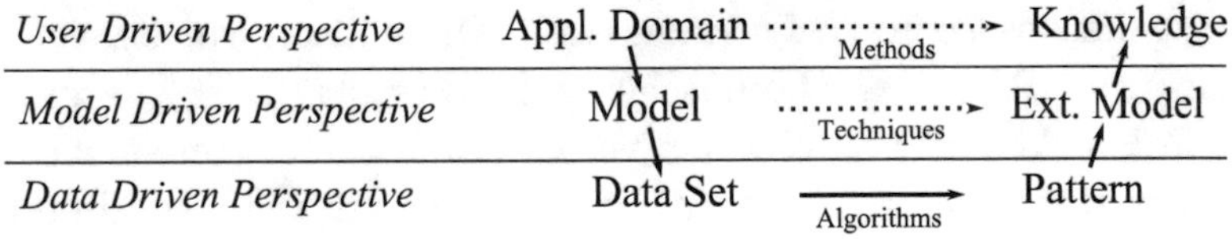

User Driven Perspective	Appl. Domain	·················> Methods	Knowledge
Model Driven Perspective	Model	·················> Techniques	Ext. Model
Data Driven Perspective	Data Set	——————> Algorithms	Pattern

Abbildung 3.6: Data Mining Design Framework

Formal besteht ein Problem der realen Welt aus der Spezifikation
eines Suchraumes S und einer Zielstellung Z. Mittels einer Evaluierungsfunktion *eval* kann ausgehend vom Suchraum eine Lösung L
gefunden werden, wobei die Lösung implizit im Suchraum enthal-

ten ist $eval : S \times Z \longrightarrow L, L \subset S$. Mittels einer Abstraktion wird ein Modell M als Ausschnitt der realen Welt konstruiert, wobei der Suchraum $S \to S_M$ in Abhängigkeit des Modells beschrieben wird, und auch die Zielstellung $Z \to Z_M$ wird entsprechend für das Modell M formuliert. Eine auf das Modell M angewandte Evaluierungsfunktion $eval_M$ findet Lösungen in Abhängigkeit vom Modell L_M. In letzter Instanz werden Datenanalysealgorithmen auf einen konkreten Datensatz DS angewendet. Ein Datensatz repräsentiert mess- bzw. beschreibbare Eigenschaften eines Modells. Durch diese Abstraktion erfolgt eine Formulierung des Suchraumes $S_M \to S_{DS}$ und auch der Zielstellung $Z_M \to Z_{DS}$ in Abhängigkeit vom Datensatz. Die Evaluierung $eval_{DS}$ ermöglicht das Finden entsprechender Lösungen L_{DS} in Abhängigkeit vom Datensatz. Eine schematische Darstellung ist in Abbildung 3.7 zu finden.

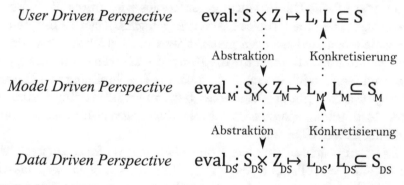

Abbildung 3.7: formales Data Mining Design Framework

3.3 User Driven Perspective

Wir wissen, dass das eigentliche Objekt eines DM-Prozesses konkrete Datensätze sind. Aber Datensätze allein sind keine Garantie für ein sinnvolles DM-Ergebnis. Der Suchraum für eine Problemlösung wird durch den Wissensraum eines Anwenders repräsentiert, und ist daher Ausgangspunkt eines DM-Prozesses.

Ein schematisches Modell dieser Ebene ist in Abbildung 3.8 angegeben, und wird im Folgenden erläutert.

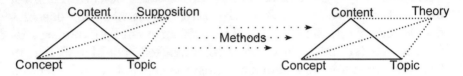

Abbildung 3.8: User Driven Perspective

Wissen wird nach Kidawara u. a. (2010) in der Informationswis-
senschaft als eine Relation zwischen *Konzepten*, *Topics*, und *Inhalten*
definiert. Konzepte dienen hierbei der Deklaration eines Bereiches von
Tatsachen. Sie beschreiben das Aussehen und Verhalten von Dingen
sowie Beziehungen in der realen Welt. Topics dienen der Beschreibung von Inhalt. Die Bedeutung der Topics wird durch die Konzepte
festgelegt. Dieselben Topics können in verschiedenen Konzepten mit
verschiedenen Bedeutungen genutzt werden. Letztlich bildet der Inhalt genau die Tatsachen für die Konzepte ab. Eine Abbildung eines
Anwendungsbereiches ermöglicht z. B. die Beschreibung von Untersu-
chungsobjekten mit strukturierten bzw. unstrukturierten Daten. Die
drei Bestandteile spannen damit den Suchraum S für eine Problemstellung in der UDP auf.

Es ist zu beachten, dass der Konzeptraum des Menschen nach Murphy (2002) unvollständig ist. Weiterhin schlussfolgert er, dass das
Verständnis der gegenseitigen Beeinflussung von realen Dingen und
dem konzeptionellen Hintergrund nicht zu vernachlässigen ist.

Auf Grundlage eines durch Konzepte, Inhalte, und Topics charak-
terisierten Anwendungsbereiches stellt ein Anwender Annahmen als
Zielstellung Z auf, die im DM-Prozess untersucht werden sollen. Eine
Annahme definiert Korch (1972) als eine Mutmaßung, welche durch
empirische oder theoretische Methoden überprüft wird. Eine solche
Mutmaßung ist eine Beobachtung im Inhalt eines Anwendungsgebietes, oder ein Phänomen in den zugrunde liegenden Konzepten, welches durch die Anwendung verschiedener Methoden validiert wird.
Ziel eines DM-Prozesses ist die Validierung der Annahmen der Form:

Ist das Wissen über die Konzepte eines Anwendungsbereiches ausreichend und valide für die beobachteten Inhalte? Passen die Inhalte
auf die durch die Topics beschriebenen Konzepte?

Methoden bzw. Evaluierungsfunktionen *eval*, um Fragestellungen
in einem Anwendungsgebiet durch einen Anwender oder eine Gemein-
schaft zu beantworten, ist das Lesen von entsprechenden Fachbü-
chern, der Wissensaustausch mit anderen Anwendern auf diesem Gebiet, z. B. bei einer Konferenz, oder das Durchführen von physischen
oder chemischen Experimenten. Eine dieser Methoden ist die Anwendung von Datenanalysealgorithmen auf entsprechenden Datensätzen.
Aber gerade Experimente und Datenanalysen basieren auf Modellen,
die die Basis für diese Methoden bilden. Daher wird die im Framework
unterhalb der Ebene UDP zu findende *Model Driven Perspective* im
folgenden Abschnitt 3.4 betrachtet.

Sofern eine Annahme durch verschiedene Prozesse für verschiedene
Inhalte validiert wurde, lässt sich diese validierte Annahme als eine
neue *Theorie* als Lösung L des Lösungsprozesses für das Problem in
Form einer expliziten Konstruktion über den bekannten Konzepten,
Inhalten und Topics auffassen. Wolfs (2010) definiert eine wissenschaftliche Theorie als eine Annahme, bzw. eine Gruppe von zusam-
mengehörenden Annahmen, welche durch wiederholte experimentelle
Tests bzw. Methoden bestätigt wurde. Akzeptierte wissenschaftliche
Theorien und Gesetze werden in das Verständnis eines Anwendungsbereiches integriert und werden damit Ausgangspunkt für weitere
bisher weniger verstandene Bereiche des Anwendungsgebietes. Neue
Theorien werden allerdings nicht ohne weiteres akzeptiert, da zunächst versucht wird, Beobachtungen durch bereits existierende und
bekannte Theorien zu erklären. Erst nach Wiederholung verschiedener Tests, bei denen sich das beobachtete Phänomen nicht durch die
bekannten Theorien erklären lässt, erfolgt eine Hinterfragung des bisher bestehenden Wissens und die validierte Beobachtung hält als eine
neue Theorie Einzug.

Wissenszuwachs als Theorie in dieser Ebene lässt sich entsprechend
charakterisieren. Eine Theorie ist *valide*, wenn eine Annahme für verschiedene Inhalte eines Anwendungsbereiches nachgewiesen werden

kann. Andererseits kommt es zu einem Konflikt mit dem vorherigen
Wissen eines Anwenders. Eine Theorie ist für einen Anwender *neu*,
sofern sie nicht aus bestehendem Wissen abgeleitet werden kann. Ob
eine entdeckte Theorie *sinnvoll* ist, ist von den Bedürfnissen des jeweiligen Anwenders abhängig. So wird Wissen, wie z. B. Fehler in
Börsentransaktionen in Frankfurt/Main aufgedeckt werden, von einem Fischer an der Nordsee nicht direkt als für ihn sinnvoll erachtet.
Von einer *nachvollziehbaren* Theorie kann gesprochen werden, wenn
ein Anwender sowohl den Hintergrund selbiger kennt, als auch den
Weg zur Verifizierung der Theorie wiederholen kann.

Zur Illustration der Ebene UDP sei auf die Fallbeispiele in Abschnitt 2.3 verwiesen. In den betrachteten Beispielen steht die Fragestellung im Vordergrund, inwieweit sich in den analysierten Datensätzen Kundengruppen identifizieren lassen, so dass durch ein ge-
zieltes Marketing eine Kundenbindung an eine Bank gewährleistet
wird, bzw. die Zuverlässigkeit der Kredittilgung eines Kunden ermittelt wird. Marketing im ersteren ist ein Instrument, die Bedürfnisse
und Erwartungen von Kunden herauszufinden, welche ein Unternehmen durch entsprechenden Dienstleistungen befriedigen kann. Banken selbst sind Teil des Finanzmarktes, und damit Teil der Volkswirtschaft eines Landes.

Dieses Kapitel zeigt die konzeptionelle Ebene des DM-Prozesses.
Im folgenden Abschnitt wird die *Model Driven Perspective* als Ver-
knüpfung zwischen einem Anwendungsbereich und dem technischen
Teil eines DM-Prozesses beschrieben.

3.4 Model Driven Perspective

Die zweite Ebene eines DM-Prozesses bildet die *Model Driven Perspective*. Sie repräsentiert die Schnittstelle zwischen einem Anwendungsbereich und dem technischen Teil des DM Prozesses. Die Bestandteile dieser Ebene sind in der Abbildung 3.9 dargestellt.

Zunächst erfolgt eine Transformation des Suchraumes S der in der
UDP vorgestellten Beziehung aus Konzepten, Inhalten und Topics in

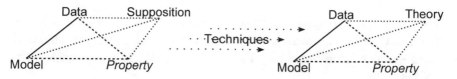

Abbildung 3.9: Model Driven Perspective

den Suchraum S_M der MDP: *Modelle, Daten,* und *Eigenschaften.* Die Konzepte werden in Modelle überführt, die einen Ausschnitt des Anwendungsbereiches repräsentieren. Topics bilden die Eigenschaften der Modelle sowie der Daten, welche aus dem Inhalt eines Anwendungsbereiches der Modelle abgeleitet werden. Das Ziel der MDP ist analog der übergeordneten UDP, Zielstellungen Z_M über die Modelle bzw. über die Daten mit den gegebenen Eigenschaften zu validieren. Sind die Ausgangsmodelle valide und vollständige Modelle zu den vorhandenen Daten, bzw. spiegeln die Daten die Charakteristiken der Modelle wider?

Die Anwendung von DM-Algorithmen stellen eine Technik $eval_M$ dar, um Zielstellungen zu validieren. Das Ergebnis L_M der MDP ist ein erweitertes Modell, welches eine Obermenge der Ausgangsmodelle darstellt. Die Erkenntnis aus der Modellerweiterung L_M mündet in der Erweiterung der zugehörigen Modelltheorie. Die aus der Modelltheorie gewonnenen Erkenntnisse können in der UDP in die Erweiterung der Konzepte des Anwendungsbereiches fließen, und somit zu neuen allgemeinen Theorien L eines Anwenders beitragen.

Um die betrachteten Fallbeispiele in Abschnitt 2.3 zu modellieren, beginnt man mit den Verständnis für den Wirtschaftskreislauf, wie z. B. bei Gischer, Herz und Menkhoff (2004) gezeigt. Ein vereinfachtes Modell sieht hier zwei Protagonisten, Unternehmen und Haushalte, vor. Unternehmen investieren Geld in die Produktion von Gütern und das Angebot von Dienstleistungen auf einem Markt, welche von Haushalten entsprechend nachgefragt und konsumiert werden. Dieser Konsum von Gütern und Dienstleistungen wird von den Haushalten entsprechend monetär vergütet, woraus die Unternehmen ihre Erlöse generieren. Um die Güter und Dienstleistungen entsprechend anbieten zu können, fragen die Unternehmen u.a. Arbeit der Haushalte nach. Die in den Unternehmen von den Haushalten geleistete Arbeit wird entsprechend vergütet, und bildet das Einkommen eines Haushaltes.

In dem Wirtschaftskreislauf einer Volkswirtschaft lassen sich Sparer, die weniger Geld ausgeben, als sie einnehmen, als auch Investoren, die mehr Geld ausgeben, als sie einnehmen, identifizieren. Als Bindeglied zwischen beiden Gruppen fungieren Unternehmen des Finanzsektors. Den Unternehmen des Finanzsektors sind bei der Ausführung ihrer Aufgaben drei Aspekte lt. Gischer, Herz und Menkhoff (2004) von besonderer Bedeutung.

1. *Informationsfunktion*: Es bedarf Informationen über Chancen, Risiken und Alternativen einer Kapitalverwendung, um über deren letztliche Verwendung zu entscheiden.

2. *Finanzierungsfunktion*: Hierbei wird Kapital auf verschiedene Vorhaben verteilt, aber auch der Umfang des verfügbaren Kapitals wird durch entsprechende Mechanismen zum Sparen bzw. zum Investieren beeinflusst.

3. *Kontrollfunktion*: Die Verwendung von verteiltem Kapital muss überwacht werden, entsprechende Verfehlungen werden sanktioniert.

Die Unternehmen des Finanzsektors lassen sich nach Gischer, Herz und Menkhoff (2004) in Kreditinstitute und Finanzmärkte unterteilen. An Finanzmärkten werden hauptsächlich Wertpapiere gehandelt. Die entsprechenden Wertpapierkurse dafür sind öffentlich zugänglich, und sind das Ergebnis einer entsprechenden Wertpapieranalyse bestehend aus Bilanzanalysen und Hintergrundinformationen. Kapital wird durch Börsengänge, Kapitalerhöhungen, oder Wertpapieremissionen akquiriert. Eine Verwendungskontrolle erfolgt durch eine fortlaufende Berichtsanalyse. Sanktionen sind entsprechende Kapitalumschichtungen. Kreditinstitute vergeben Kapital durch Kredite nach einer Analyse eines Kreditantrages. Die für einen Kredit fälligen Zinsen werden über Verträge individuell festgehalten, und sind somit der Öffentlichkeit nicht zugänglich. Sanktionen bei Verwendungsverstößen werden über Instrumente des Kreditvertrages geregelt.

Zinsen sind lt. Gischer, Herz und Menkhoff (2004) das Entgelt für eine temporäre Überlassung von Kaufkraft. Ein Sparer, der sein Kapital einem Investor überlässt, bekommt für die Zeit, in welcher er selbst das Kapital nicht für den eigenen Konsum von Gütern bzw. Dienstleistungen verwenden kann, den Zins. Der Zins wird auch als Rendite, d.h. dem Verhältnis von Gewinn zu eingesetztem Kapital, eines Finanzproduktes aus Sicht eines Kapitalgebers bezeichnet. Für den Kreditnachfrager sind die Zinsen die Kosten, die für die Aufnahme eines Kredites anfallen. Zinsen unterliegen hierbei zum Einen der Laufzeit eines Finanzproduktes, als auch zum Anderen dem Risiko, ob ein Kreditnehmer seinen Verpflichtungen nachkommen kann.

Finanzmärkte weisen eine asymmetrische Informationsverteilung auf. Ein Kapitalnachfrager kennt seine aktuellen und zukünftigen Zahlungsmöglichkeiten besser, als derjenige, der Kapital bereit stellt.

Weiterhin gilt zu wissen, dass agierende Menschen risikosensitiv sind, d.h. die Entscheidung, wie Kapital eingesetzt wird, hängt nicht nur von der Höhe der erwarteten Rendite ab, sondern auch von der Höhe des einzugehenden Risikos.

3.4.1 Eigenschaften

Ein gängiger Weg Beobachtungen in der Realität zu beschreiben, besteht darin, dies anhand einer Menge von Eigenschaften zu tun, die signifikant für jede Beobachtung sind. Beschreibung heißt, wie eine Beobachtung anhand von Kriterien zu einem Zeitpunkt qualitativ oder quantitativ beurteilt wird. Allerdings stellt sich die Frage, welche Teilmenge der verfügbaren Eigenschaften für eine Beschreibung von Beobachtungen genutzt werden sollte. Darauf gibt es keine allgemeine und situationsunabhängige Antwort.

Diskussionen über die Existenz und die Natur von Eigenschaften beschäftigen die Philosophie nahezu seit ihrem Anbeginn. Die

`Stanford Encyclopedia Of Philosophy` Swoyer und Orilia (2011) beschreibt „Eigenschaften" wie folgt:

Properties [...] are those entities that can be predicated of things or, in other words, attributed to them.[2]

Die Menge der „richtigen" Eigenschaften ist vom Standpunkt eines Anwenders abhängig. Allgemeiner lässt sich sagen, dass die Menge der Eigenschaften abhängig von den betrachteten Topics der UDP ist, unter deren Gesichtspunkten Beobachtungen erfolgen. Es lassen sich einige Aspekte zusammenfassen, die für Eigenschaften wichtig sind.

Zunächst ist die *Existenz* einer Eigenschaft erforderlich. Es muss vor Verwendung einer Eigenschaft bekannt sein, unter welchen Umständen diese zur Beschreibung der Beobachtungen genutzt werden kann.

Ein nächster Aspekt ist die *Relevanz* einer Eigenschaft für das betrachtete Topic. Eine relevante Eigenschaft betont einige Merkmale der Beobachtungen, die direkt mit dem betrachteten Topic verbunden sind. Irrelevante Eigenschaften sind natürlich ebenfalls Träger von Informationen über die Beobachtungen, allerdings sind diese Informationen nicht direkt mit dem betrachteten Topic verbunden. Sofern eine Eigenschaft bei der Beschreibung einer Menge von Beobachtungen lediglich bei einer einzigen Beobachtung zur Beschreibung herangezogen werden kann, so ist diese Eigenschaft jedoch nicht sehr sinnvoll.

Ein weiterer Aspekt ist die *Typizität* einer Eigenschaft. Murphy (2002) zeigt, dass die Typizität den Identifikationsprozess reflektiert. Typische Eigenschaften zur Beschreibung von Charakteristiken einer Beobachtung helfen dabei, diese Beobachtung innerhalb des betrachteten Topics zu identifizieren.

Ein letzter zu erwähnender Aspekt ist die *Wichtigkeit* einer Eigenschaft. Es existieren verschiedene Maßstäbe, um die Wichtigkeit

---

[2]Eigenschaften sind diejenigen Entitäten, die über Dinge ausgesagt, bzw. auf diese zurückgeführt werden können.

in Abhängigkeit des betrachteten Topics zu messen. Die Wichtigkeit von Eigenschaften kann hierbei als ein Informationszuwachs bei der Verwendung selbiger angesehen werden. Daher kann zwischen Eigenschaften unterschieden werden, die eine präzisere Beschreibung einer Menge von Beobachtungen zulassen, als andere.

Natürliche Personen als Kunden einer Bank lassen sich z. B. anhand von physiognomischen Eigenschaften beschreiben. Diese Eigenschaften sind aus Sicht der Bank jedoch nicht relevant und ebenfalls nicht typisch für die Entscheidung über eine Kreditvergabe. Informationen über das Einkommen eines Kunden ist für eine Entscheidung über die Bewilligung eines Kredites eine für die Bank wichtigere Eigenschaft als der Wohnort des Kunden.

Durch die **Stanford Encyclopedia Of Philosophy** wird bei der Beschreibung von Eigenschaften durch die Begriffe „Aussagen" bzw. „Zurückführen" suggeriert, dass eine formale Spezifikation von Eigenschaften möglich ist.

In der Realität erfolgt die Erfassung einer Menge von Beobachtungen B, welche entsprechend mittels Eigenschaften E beschrieben werden. Die Menge der Eigenschaften ist abzählbar $e_1, e_2, \dots$. Eine Eigenschaft ist eine Funktion, die besagt, ob eine Eigenschaft einer Beobachtungen zugeordnet werden kann: $E : B \rightarrow \{true, false\}$. Auch wenn von der Existenz von Eigenschaften ausgegangen wird, so ist eine Konstante $\bot$ zu definieren, um das Fehlen von Eigenschaften für eine Beobachtung anzugeben.

3.4.2 Modell

In der Informatik sind Modelle weit verbreitet, um z. B. Datenstrukturen, Verhalten von Objekten, Interaktionen zwischen Objekten oder Interaktionen zwischen einem Informationssystem und einem Anwender abzubilden. Sie ermöglichen einen vereinfachten Blick auf die Realität, und helfen somit einem Anwender des Modells die komplexe Realität besser zu verstehen.

Kozima (2006) definiert, dass ein Modell ein System von Annahmen darstellt, welches auf experimentellen Fakten beruht, und ggf.

durch Parameter spezifiziert werden kann. Der Wert eines Modells liegt hierbei in der Fähigkeit, andere Daten als die dem Modell zugrunde liegenden zu beschreiben. Ein erfolgreiches Modell zeigt hierbei Annahmen der Realität auf, die etablierten Prinzipien widersprechen. Es kann daher genutzt werden, um neue Prinzipien zu finden. Ein Modell fasst die Funktionen und Bedingungen für die Gültigkeit von Eigenschaften von Beobachtungen zusammen, und beschreibt, unter welchen Umständen und Bedingungen diese Eigenschaften auf die in der Realität gemachten Beobachtungen zutreffen. In einem Modell sind Aussagen über das Wissen der Beobachtungen abgebildet. Es existieren verschiedene Sprachen, um Modelle zu erstellen. Die Entwicklung der Sprachen als Träger eines Modells entspringt der Notwendigkeit bestimmte Konzepte zielgerichtet beschreiben zu können. So existiert z. B. (H)ERM Thalheim (2000) zur Beschreibung von Datenbanken oder UML Booch, Rumbaugh und Jacobson (1999), um Softwaresysteme zu beschreiben.

Die Konstruktion eines Modells wird hierbei von einem Anwender vorgenommen, der sein subjektives Wissen einbringt. Dieses Wissen wird angereichert mit allgemein anerkannten Theorien und Paradigmen, welche eine Basis für die Anwendung eines Modells bilden.

Es gibt mehrere Möglichkeiten die Realität durch Modelle zu beschreiben. Eine Entscheidung für den Einsatz eines bestimmten Modells ist daher vom gewählten Zweck bzw. Ziel dieses Modelleinsatzes abhängig.

Die Verwendung eines bestimmten Modells schränkt die Sicht eines Anwenders ein. Eine Gefahr besteht hierbei, in einem Modell für die gegebene Problemstellung relevante Eigenschaften nicht einzubringen, oder aber ein Modell zu konstruieren, welches für die Problemstellung überspezifiziert ist. Es besteht die Möglichkeit, ein Modell zur Abbildung verschiedener Perspektiven heranzuziehen, bzw. für eine Perspektive verschiedene Modelle zu verwenden. Hierbei ist anzugeben, wie Perspektiven miteinander in Beziehung stehen. Eine Perspektive wird bestimmt durch Raum, Zeit bzw. allgemeiner dem Scope.

Messbare Qualitätskriterien lassen eine Beurteilung von Modellen zu, wie z. B. Korrektheit, Generalität, Nützlichkeit oder Robustheit. Weiterhin kann ein Modell aufgrund nicht messbarer, und somit subjektiver Qualitätskriterien beurteilt werden. Diese Qualitätskriterien werden unter dem Begriff der Viabilität zusammengefasst. Hierzu zählen Kriterien der Bestätigung, Kohärenz, Falsifizierbarkeit, Stabilität und Sicherheit (Einschränkungen, Modalität, Vertrauen).

3.4.3 Daten

Der Begriff „Daten" wird durch den ISO Standard Iso/ie (1993) folgendermaßen definiert: Daten sind jedes Gebilde von Symbolen oder jede kontinuierliche Funktion, welche Informationen entsprechend bekannter oder vermuteter Konventionen repräsentiert. Dies bedeutet, dass Daten nicht nur als eine aus Symbolen bestehende Zeichenkette aufzufassen sind, sondern das ebenfalls Meta-Daten, welche die Bedeutung der Symbole bzw. deren Nutzung erklären, zu berücksichtigen sind.

Die Menge der Daten D spiegeln die Informationen wider, die über eine Beobachtung $b \in B$ hinsichtlich eines Modells M in einer gewählten Perspektive bekannt sind. Diese Informationen bestehen aus dem Wissen, welche Eigenschaften auf diese Beobachtung zutreffen.

3.4.4 Annahmen

In der Literatur, z. B. bei CRISP DM (Chapman u. a. (2000), Cios u. a. (2007), Han und Kamber (2006)), finden sich Beispiele für verschiedene spezifische Annahmen für einen DM-Prozess.

Zunächst unterscheidet man zwischen *beschreibenden* und *vorhersagenden* Annahmen. Eine beschreibende Annahme bezieht sich auf eine Beobachtung in den Daten D, eine vorhersagende Annahme spiegelt eine Annahme für das Modell M wider. Einige generelle Annahmen sind somit:

• Lassen sich Daten in Teilklassen einordnen?

- Warum wurde eine Beobachtung in eine Teilklasse eingeordnet?

- Wird eine Beobachtung zu einer speziellen Klasse passen?

- Korrelieren Eigenschaften einer Beobachtung mit den Eigenschaften anderer Beobachtungen?

- Wie sind zwei verschiedene Beobachtungen zu verschiedenen Zeitpunkten bzw. von zwei Beobachtungen zum selben Zeitpunkt miteinander korreliert?

- Kann ich aus einer erfolgten Beobachtung auf eine andere Beobachtung schließen?

Gegeben sei Wissen K, ein daraus abgeleitetes Modell M und entsprechende Daten D, so dass $K \cup M \not\models D$. Eine Annahme α, basierend auf K, M und D, beschreibt dabei die Daten D, so dass

(1) $K \cup M \cup D \not\models \neg\alpha$ und
(2) $K \cup M \cup \{\alpha\} \models D$.

Typischerweise sind nicht vollständige Erklärungen das Ziel des DM-Prozesses, sondern es werden zumindest teilweise beobachtbare Erklärungen $\mathfrak{O}$ in den Daten gesucht:

(2') $K \cup M \cup \{\alpha\} \models \mathfrak{O}(D)$.

3.4.5 Charakterisierung des Wissenszuwachses in der Model Driven Perspective

Das Wissen auf dieser Ebene ist eine Theorie der Modelle. Das aus der Evaluierung der Annahme resultierende Modell kann mit verschiedenen Daten getestet werden. Ein Modell ist als valide zu betrachten, sofern das Modell durch die Tests mit verschiedenen Daten und einer gegebenen Wahrscheinlichkeit bestätigt wird. Eine solche Messung kann mit Methoden durchgeführt werden, die den Support und die Überdeckung eines Modells bestimmen, wie sie z. B. bei Han und Kamber (2006) beschrieben sind.

Das neue Wissen ergibt sich aus der Differenz des Ausgangs- und des Ergebnismodells. Im Gegensatz zur UDP im vorherigen Kapitel muss jedoch das erhaltene Wissen für den Anwender nicht neu sein. Dies ist möglich, sofern das Ausgangsmodell nicht vollständig das vorhandene Wissen des Anwenders enthält. Die für das System neu gewonnenen Informationen sind jedoch relevant, wenn mit dem erhaltenen Modell andere Annahmen getestet werden können. Das erhaltene Modell ist nachvollziehbar, wenn ein Anwender die Teile des erhaltenen Modells versteht, und weiß, wie diese Teile zueinander in Beziehung stehen.

Die hier präsentierte Ebene MDP bildet die Schnittstelle zwischen der UDP, welche das subjektive Wissen eines Anwenders in den Mittelpunkt rückt, sowie der folgenden DDP, welche den technischen Analyseprozess eines DM-Projektes abbildet.

3.5 Data Driven Perspective

Die dritte Ebene des DM-Prozesses bildet die technische Realisierung für die Analyse eines tatsächlichen Datensatzes durch Nutzung der bekannten Algorithmen und Methoden. Diese Ebene wird daher *Data Driven Perspective* genannt.

Von Daten zu lernen, erfordert, einen real existierenden Datensatz zu analysieren. Der Suchraum S_M aus der MDP ist in einen Suchraum S_{DS} der DDP zu überführen. Ein *Datensatz* ist eine Instanz bzw. eine Stichprobe der Daten. Der Inhalt eines Datensatzes wird durch *Attribute* beschrieben. Diese Attribute lassen sich aus den Eigenschaften ableiten, wobei eine Eigenschaft durch mehrere Attribute repräsentiert werden kann. Ein *Schema* verdeutlicht die Beziehungen, welche zwischen den Attributen innerhalb des Datensatzes bestehen. Die Zielstellung Z_M der MDP ist in eine Annahme als Zielstellung Z_{DS} über dem Schema und dem Datensatz zu überführen, und durch eine Evaluierung $eval_{DS}$ mittels der Anwendung bekannter Algorithmen und Methoden zu verifizieren. Sowohl Schema als auch Datensatz können bei der Verifizierung verändert werden. Lösungen L_{DS}

einer Analyse sind *Muster P*, welche entsprechend von der Annahme, dem Schema und dem Datensatz abhängig sind. Die Abbildung 3.10 illustriert den geschilderten Zusammenhang.

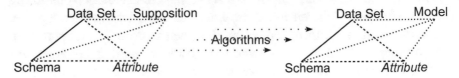

Abbildung 3.10: Data Driven Perspective

Ein gefundenes Muster in der DDP kann als Bestandteil in einem Modell verwendet werden, und so zu einer Erweiterung der Modelltheorie in der Ebene MDP beitragen.

Die Aufgabe dieser Ebene DDP ist die Bereitstellung von Möglichkeiten einer systematischen Datenanalyse. Hierfür ist zu gewährleisten, dass die richtigen Daten samt den zugehörigen Konzepten zum richtigen Zeitpunkt mit dem entsprechenden Detaillierungsgrad in der richtigen Form und in der richtigen Qualität vorliegen, um zu einer glaubwürdigen und nachhaltigen Lösung zu gelangen.

3.5.1 Attribut

Charakteristiken von Beobachtungen werden anhand einer Menge von Eigenschaften beschrieben. Um Eigenschaften zu messen, zu beurteilen und für eine weitere Analyse zu speichern, wird eine nicht leere Menge von Attributen $\mathcal{A}$ definiert. Ein *Attribut $A \in \mathcal{A}$* assoziiert einen Wert aus dem Wertebereich des Attributes mit der Eigenschaft einer Beobachtung. Bei Messungen ist der Wertebereich eines Attributes passend zu Messrichtlinien zu wählen, die z. B. ein Zollstock oder ein Thermometer vorgeben, wie Tan, Steinbach und Kumar (2006) zeigen.

Formal lässt sich ein Attribut wie folgt definieren: Gegeben sei eine Menge von Beobachtungen $\mathcal{B}$. Jede Beobachtung $b \in \mathcal{B}$ wird durch eine Menge von Attributen $\mathcal{A}$ beschrieben. Jedes Attribut $A \in \mathcal{A}$ ist eine partielle Funktion $A : b \to dom_A$, welche jeder Beobachtung

b einen Wert aus dem Definitionsbereich dom_A des Attributes A zuweist. Für einige Beobachtungen $b \in \mathcal{B}$ ist es nicht möglich, einen entsprechenden Wert $A(b)$ zuzuweisen. Daher ist a eine partielle Funktion. Ein fehlender Wert für $A(b)$ wird mit $NULL$ gekennzeichnet, wobei $NULL \notin dom_A$.

3.5.2 Schema

Ein Schema ist nach Hand, Padhraic Smyth und Mannila (2001) eine globale Beschreibung eines Datensatzes. Da Beobachtungen in Datensätzen durch Attribute beschrieben werden, wird ein Schema $\mathcal{SC}$ auf einer Attributmenge $\mathcal{A}$ basierend definiert.

Ein Schema kann Bedingungen über Attributen

$$\{A_{i_0}, \ldots, A_{i_s}\} \longrightarrow \{A_{j_0}, \ldots, A_{j_k}\}$$

enthalten, wobei

$$A_{i_0}, \ldots, A_{i_s}, A_{j_0}, \ldots, A_{j_k} \in \mathcal{A}.$$

Somit dient die Attributmenge $\{A_{i_0}, \ldots, A_{i_s}\}$ zur Identifizierung der Attributmenge $\{A_{j_0}, \ldots, A_{j_k}\}$. Eine so definierte Abhängigkeit zwischen zwei Attributmengen kann alles mögliche darstellen, und ist nicht für jede Anwendung geeignet. Daher besteht in einem Schema die Möglichkeit, Abhängigkeiten in Form von Funktionen der Form

$$\{A_{j_0}, \ldots, A_{j_k}\} = f(A_{i_0}, \ldots, A_{i_s}, x_0, \ldots, x_n)$$

als Verfeinerung zur Definition von einfacher Abhängigkeit zwischen Attributmengen anzugeben. Solche Funktionen ermöglichen es, z. B. eine komplette oder teilweise Klassifizierung des Datensatzes zu formulieren, bzw. Korrelationen zwischen Attributen in Form von Funktionen zu definieren. Hierbei ist zu beachten, dass $x_0, \ldots, x_n$ Parameter der Funktion f darstellen, die nicht separat im betrachteten Datensatz enthalten sind.

Weiterhin werden Metainformationen eines konkreten Datensatzes dem Schema hinzugefügt. Um ein Muster als Lösung zu verstehen, ist es wichtig zu wissen, warum, wie, wann und vor allem durch wen ein Datensatz erstellt wurde, auf dessen Grundlage ein Muster gefunden wurde.

3.5.3 Datensatz

Ein Datensatz DS ist eine Repräsentation einer Sammlung von Beobachtungen $\mathcal{B}$, wie Tan, Steinbach und Kumar (2006) definieren. Wie bereits gezeigt, werden Beobachtungen anhand ihrer Eigenschaften charakterisiert, und durch Attribute beschrieben. Ein Datensatz enthält nicht die Beobachtungen $\mathcal{B}$ direkt, jedoch deren Repräsentationen abhängig von den gewählten Attributen.

Da Datensätze ein Hauptbestandteil für jedes DM-Verfahren sind, bedarf es einer ausführlicheren Betrachtung von Anforderungen an einen Datensatz. Diese notwendigen Charakteristiken von Eigenschaften und Attributen werden in einem späteren Abschnitt 4.3 detailliert aufgezeigt, um die Idee des „Kennen der eigenen Daten" zu vervollständigen.

Die Repräsentation des Datensatzes erfolgt für die in dieser Arbeit betrachteten Verfahren in relationaler Form, wie in Tabelle 3.2 angegeben. Ggf. davon abweichende Repräsentation werden so notwendig angegeben.

Tabelle 3.2: Relationale Repräsentation eines Datensatzes

id	A_1	A_1	...	A_n
t_1	a_{11}	a_{12}	$a_{1...}$	a_{1n}
t_1	a_{21}	a_{22}	$a_{2...}$	a_{2n}
...	...	...	...	...
t_m	a_{m1}	a_{m2}	$a_{m...}$	a_{mn}

3.5.4 Annahmen

Sei DS ein realer Datensatz, und SC das zugehörige Schema. Weiterhin können Fragestellungen zu Beobachtungen in dem Datensatz oder Fragestellungen zum Schema formuliert werden. Mögliche Fragestellungen sind: Ist das Schema für den Datensatz gültig $SC \models DS$, oder beschreibt das Schema mit all seinen Attributen und Beziehungen den Datensatz in Gänze $SC \vdash DS$ bzw. in Teilen $SC \vdash \mathfrak{O}(DS)$? Solche Fragestellungen lassen sich als Annahmen $\mathcal{H}$ zusammenfassen.

3.5.5 Muster

Ziel der Datenanalyse ist die Angabe eines Musters, welches zur Modellerweiterung beitragen kann. Ein Muster p ist Teilmenge des Schemas $p \subset SC$ zur Beschreibung eines Datensatzes DS. Ein Muster enthält somit Konstruktionsvorschriften bzw. beschreibt funktionale Abhängigkeiten zwischen Attributen.

3.5.6 Qualität

Merkmale zur Qualitätsbestimmung eines Musters sind Validierbarkeit, Neuartigkeit, Nutzbarkeit, Verständlichkeit und Generalisierbarkeit. Die Prüfung z. B. der Gültigkeit eines Musters im Rahmen der Validierbarkeit erfolgt durch Vergleich des Musters mit einem dem Muster unbekannten Datensatz mit Vergleichswerten. Ein Vergleich zwischen dem mit dem Muster ermittelten Gültigkeitswert und dem im Datensatz enthaltenem Gültigkeitswert je Beobachtung gibt Aufschluss darüber, inwieweit ein Muster und damit ein Teil einer Datensatzbeschreibung zu einem Datensatz passend ist.

3.5.7 Prozess

Das Ziel des DM-Prozesses auf dieser Ebene ist das Verifizieren von Annahmen über einen Datensatz oder einem Schema auf dem technischen Level.

Ein Prozess ist ein „sich über eine gewisse Zeit erstreckender Vorgang, bei dem etwas [allmählich] entsteht, sich herausbildet" (Duden). Dies bedeutet, dass dieses „Etwas" im Laufe der Zeit beobachtbare Zustände besitzt, und es entsprechende Funktionen gibt, mit denen Zustandsänderungen initiiert und gemessen werden können. Es ist ein Zustandsraum festzulegen, und es ist anzugeben, wie und wann zwischen den Zuständen gewechselt werden kann. Hand, Padhraic Smyth und Mannila (2001) zeigen einen technischen Prozess auf, der sich auf die Parameteroptimierung beim Finden von Mustern konzentriert. Der Zustandsraum wird durch die an einem Muster beteiligten Attribute gebildet. Ein Zustandswechsel erfolgt durch das Hinzufügen bzw. Löschen von Attributen aus einem Muster. Zum Prozess gehören verschiedene Suchverfahren, deren Ziel die Auswahl von Attributen ist, die hinzugefügt bzw. gelöscht werden. Allerdings sind bei diesen Verfahren die Muster bereits am Anfang vollständig bekannt. Wie diese Muster jedoch tatsächlich entstehen und erklärt werden können, bleibt offen.

Da die Datenanalyse auf Techniken und Algorithmen beruht, bietet es sich an, solche Programmbausteine in Prozessworkflows zu organisieren, wie es z. B. in den Lösungen SAS Enterprise Miner [3], RapidMiner [4] oder WEKA [5] möglich ist. Analyseprozesse werden in den genannten Werkzeugen von einem Anwender erstellt.

Diese einzelnen Bausteine lassen sich als eigenständige Transformationsbausteine bzw. Agenten betrachten. Sie dienen dazu, Datensätze entsprechend zu verarbeiten und in Muster zu überführen. Ansätze, Agenten im Umfeld des DM einzusetzen, werden im Bereich des „Distributed Data Mining„ aufgezeigt. So existieren Agentensysteme wie z. B. BODHI Kargupta, Byung-Hoon u. a. (1999) oder PADMA Kargupta, Kargupta u. a. (1997), um verteilt gespeicherte Daten für einen Analyseprozess zusammenzuführen. Weiterhin existieren Ansätze, die Agentensysteme für fest vorgegebene Prozesse implementieren, wie z. B. bei Klusch, Lodi und Moro (2003) gezeigt.

---

[3]http://www.sas.com/technologies/analytics/datamining/miner/
[4]http://rapid-i.com
[5]http://www.cs.waikato.ac.nz/ml/weka/

Cao (2009) beschreibt Anforderungen, die ein System des „Agent-Driven Data Mining" erfüllt. Neben der Integration von verteilten Datensätzen ist eine Anforderung, einen Anwender pro-aktiv bei der Datenanalyse zu unterstützen. Weiterhin kann eine multi-strategische Datenanalyse sinnvoll sein, da eine Kombination von verschiedenen Algorithmen und Techniken zielführender ist, als die Anwendung lediglich eines ausgewählten Algorithmus. Kollaborative Agenten wiederum, operieren unabhängig voneinander auf gegebenen Datensätzen, und führen entsprechende Analyseergebnisse zusammen.

Ausgehend auf diesen Betrachtungen definiert sich ein Prozess der DDP.

Es existiert eine Arbeitsmenge W, basierend auf einem Schema, einem Datensatz, und ggf. einer Menge von Annahmen: $W = \mathcal{SC} \times \mathcal{DS} \times 2^{\mathcal{H}}$, sowie weiterhin eine Lösungsmenge W_{out}, bestehend aus einem Muster und einem Qualitätsmaß: $W_{out} = \mathcal{P} \times \mathcal{Q}$. Der technische DM-Prozess beginnt mit einem Element der Arbeitsmenge $w_{in} \in W, w_{in} = (sc_{in}, ds_{in}, h_{in})$.

Das Ergebnis der Ebene *Data Driven Perspective* des Prozesses ist eine Menge W_{out} von Mustern, wobei jedes Element ein Muster p mit einer Qualität q beinhaltet. Somit ist $W_{out} := \{(p_0, q_0), \ldots, (p_n, q_n))\}$.

Sei die Menge der in einem Prozess tätigen Agenten mit $\{Ag\}$ bezeichnet. Es lassen sich vier Klassen von Agenten unterscheiden.

1. *Preparation Agents* $Ag_{working}$: $(sc, ds, h) \mapsto (sc, ds', h)$, bereiten den Datensatz für nachfolgende Aufgaben vor.

2. *Exploration Agents* $Ag_{exploratory}$: $(sc, ds, h) \mapsto (sc, ds, h')$, helfen beim Finden zu validierender Annahmen.

3. *Descriptive Agents* $Ag_{descriptive}$: $(sc, ds, h) \mapsto (sc', ds, h)$, arbeiten auf dem den Datensatz beschreibendem Schema.

4. *Predictive Agents* $Ag_{prescriptive}$: $(sc, ds, h) \mapsto (p, q)$, erzeugen die Muster.

Beispielhaft für den erstgenannten Typ von Agenten sei die Suche sowie die Eliminierung von Ausreißern in einem Datensatz. Die Visualisierung eines Datensatzes als Hilfe zum Erkennen von möglichen Gruppen steht als Beispiel für Agenten des Typs zwei. Ein Beispiel für Agenten des Typs drei sind Agenten, die Beobachtungen in einem Datensatz mit einem gewählten Algorithmus gruppieren. Agenten des Typs vier sind solche, die basierend auf der Gruppenzugehörigkeit der Beobachtungen ein Muster ableiten, um eine Vorhersage zu entwickeln, wie unbekannte Beobachtungen klassifiziert werden können.

Jeder Agent kann auf verschiedenen Datensätzen, Annahmen und Schemata operieren, dabei definiert er jedoch die je eigenen Vorbedingungen an die Elemente von W als auch die eigenen Nachbedingungen für die Elemente des erzielten Ergebnisses in W.

Nun kann der *DM-Prozess* als ein Tupel $(w_{in}, \{Ag_j\}, W_{out})$ definiert werden, wobei w_{in} das Startelement des Prozesses ist, W_{out} ist eine Menge von möglichen Mustern, die als potentielle Lösung des Prozesses ermittelt werden, sowie $\{Ag_j\}$ als eine Menge von Transformationsschritten, welche durch Agenten durchgeführt werden.

Ein DM-Prozess weist weiterhin die folgenden Charakteristiken auf:

- Ein Prozess startet mit genau einem Element aus $w_{in} \in W$.

- Jedes Element aus W kann Input für einen oder mehrere Agenten sein.

- Data Preparation Agents $Ag_{working}$ können jederzeit im Prozess ausgeführt werden.

- Data Exploration Agents $Ag_{exploratory}$ können jederzeit vor Descriptive Agents $Ag_{descriptive}$ oder Predictive Agents $Ag_{prescriptive}$ ausgeführt werden.

- Predictive Agents $Ag_{prescriptive}$ sind die letzten Agenten in einem Zweig eines Prozesses.

Damit ergibt sich ein Erklärungsmodell Φ für das erhaltene Ergebnis, welches eine Sequenz von Transformationsschritten vom Input zum Muster aufzeigt. Das Erklärungsmodell Φ wird definiert als eine Funktion $\Phi : 2^W \times w_{in} \longrightarrow W_{out}$. Damit kann ein Anwender

nachvollziehen, welche Agenten an der Transformation und der Mus-
tererzeugung beteiligt waren.

Letztlich lässt sich das skizzierte Framework auf der technischen
Ebene als ein Tupel $(W, w_{in}, W_{out}, \{Ag\}, \Phi)$ zusammenfassen, welches
die bereits definierten Komponenten enthält. Für die Organisation
des Prozesses wird ein Controller C hinzuzufügen sein, der für jeden
Zustand des Prozesses eine Menge von anzuwendenden Agenten emp-
fehlen kann, um schrittweise eine Annäherung an Muster passend zu
den zu validierenden Annahmen zu ermöglichen.

Nach Russell und Norvig (2010) gehören zu einer vollständigen Problemdefinition für den Einsatz von Agenten fünf Komponenten: ein
Zustandsraum mit ausgewiesenem Startzustand, eine Übersicht über
mögliche Aktionen in einem Zustand, eine Transitionsdefinition zum
Zustandswechsel, eine Kostenfunktion, und eine Zielkontrollfunktion.
Die Definition des Zustandsraumes und des Start- sowie Zielzustandes
ist erfolgt. Ebenfalls sind die Transitionen für einen Zustandswechsel
angegeben. Offen bleiben zunächst die Definition einer Kostenfunktion, sowie die Angabe der Zielkontrollfunktion.

Der vollständige Zustandsraum eines Prozesses ist bei Beginn des
Analyseprozesses nicht bekannt.

Es stellt sich die Frage, wie eine Distanz zum Ziel gemessen werden
kann? Und sind alle $w_i! = w_j, i <> j$?

Ein Akzeptanzkriterium einer Lösung im DM-Prozess wird durch
die folgenden Eigenschaften charakterisiert. Sie sind in der Übersicht
in Abbildung 3.11 abgebildet. Ein Akzeptanzkriterium bewertet zum
Einen eine Lösung aus objektiver Sicht, zum Anderen ist das subjektive Wissensbedürfnis eines Anwenders für die Bewertung einer
Lösung relevant.

3.5.8 Agent

Die vorgestellten Agenten arbeiten nach dem ETL-Prinzip zusammen. Jeder Agent liest für sich die Daten und das zugrundeliegende
Schema, analysiert Daten und Schema entsprechend seiner Aufgabe

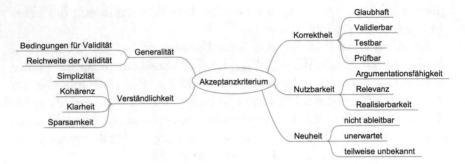

Abbildung 3.11: Eigenschaften eines Akzeptanzkriteriums

und stellt die erweiterten Daten und Schema letztlich dem System
wieder zur Verfügung.

4 Baustein Infrastruktur im Data Mining

In diesem Kapitel erfolgt die Betrachtung der Komponenten einer Infrastruktur, welche für die Durchführung von DM-Prozessen benötigt wird.

4.1 Infrastruktur für Data Mining

Der Begriff **Infrastruktur** ist allgegenwärtig. Was verbirgt sich jedoch hinter diesem Begriff? Die Semantik des Begriffes „Infrastruktur" wird nach Laak (1999) auf die Eisenbahn zurückgeführt. Die Infrastruktur umfasst in diesem Kontext die für den eigentlichen Betrieb eines Zuges notwendigen realen Voraussetzungen, wie Landerwerb, Geländebegradigungen und Rodungen, Brücken und Bahnübergänge. Deutlich wird, dass mit dem Begriff „Infrastruktur" ein durchaus physischer Untergrund für die Erfüllung der eigentlichen Aufgabe Eisenbahn beschrieben wird. Darauf aufbauend verwendete die NATO (North Atlantic Treaty Organisation) den Begriff Infrastruktur, um in einem Programm 1950 den Ausbau von Flugplätzen, Pipelines und Treibstoffbunkern, sowie Kommunikations- und Luftverteidigungssystemen vorzustellen. Ziel des Programms war die Standardisierung der genannten Anlagen innerhalb des Bündnisses NATO. Die Bedeutung der Infrastruktur ist hier ebenfalls die Schaffung der notwendigen Voraussetzungen, um die eigentliche Aufgabe der Verteidigung eines Gebietes im Kriegsfall durchzuführen.

Die Definition des Begriffes „Infrastruktur" in den Wirtschaftswissenschaften, speziell der Volkswirtschaft, geht ebenfalls in die Richtung, Infrastruktur als Sammelbegriff für eine Menge von Vorausset-

© Springer Fachmedien Wiesbaden GmbH, ein Teil von Springer Nature 2018
K. Jannaschk, *Infrastruktur für ein Data Mining Design Framework*,
https://doi.org/10.1007/978-3-658-22040-2_4

zungen für die Erledigung einer Aufgabe zu verwenden. Buhr (2009) unterscheidet drei Teilbereiche der Infrastruktur in einer Volkswirtschaft. Infrastruktur eines Landes beinhaltet die spezifiziert erfassten Arbeitskräfte als personelle Infrastruktur. Diese garantieren durch die Arbeitsweise und Funktionstüchtigkeit Existenzgüter und -dienste, welche wiederum immobile Kapitalgüter als materielle Infrastruktur im Rahmen von allgemeingültigen und -bindenden sozialen Regeln und Beschränkungen in Form institutioneller Infrastruktur bereitstellen. Es wird deutlich, dass Infrastruktur nicht nur materielle Dinge umfasst, sondern ebenfalls Personen und rechtliche Rahmenbedingungen hinzugezählt werden.

Weitere Eigenschaften von Infrastruktur im Fokus der Gesellschaft charakterisiert Atkins und Cyberinfrastructure (2003): eine gute Infrastruktur wird als selbstverständlich angenommen, und fällt nur dann auf, wenn sie nicht funktioniert. Sie bildet eine komplexe und teure Einheit. Es handelt sich somit um Lösungen, die unauffällig über einen langen Zeitraum der Unterstützung von Aufgaben nachkommen. Es geht hierbei nicht um Ad-hoc-Lösungen und Werkzeuge, auf die man bei Bedarf zurückgreift.

Star und Ruhleder (1994) verstehen unter Infrastruktur ebenfalls mehr als ein starres Objekt. Vielmehr bildet Infrastruktur ein Konzept, welches erst durch eine Verknüpfung zwischen Komponenten und Aktivitäten, die einem Ziel untergeordnet sind, eine sinnvolle Bedeutung erfährt.

Die National Science Foundation (NSF) versucht eine Infrastruktur speziell für die Wissensgesellschaft wie folgt zu definieren:

> Cyberinfrastructure integrates hardware for computing, data and networks, digitally-enabled sensors, observatories and experimental facilities, and an interoperable suite of software and middleware services and tools. Investments in interdisciplinary teams and cyberinfrastructure professionals with expertise in algorithm development, system operations, and applications development are also essential to exploit the full power of cyberinfrastructure to

create, disseminate, and preserve scientific data, information and knowledge.[1]

Edwards u. a. (2007) kommt zum Schluss, dass eine Infrastruktur für Wissenschaften aus einer Menge von organisatorischen Praktiken, technischer Infrastruktur und sozialen Normen besteht, die zusammen für einen geordneten und zielführenden Ablauf wissenschaftlicher Arbeit sorgen. Jeder dieser Bereiche ist selbst Objekt von Design und Technik; eine Infrastruktur im Rahmen der Wissenschaft schlägt fehl, sofern einer dieser Bereiche ignoriert wird.

Eigenschaften von Infrastruktur lassen sich im Spannungsfeld zwischen globaler und lokaler Sicht, sowie zwischen technischer und sozialer Sicht beschreiben. So lassen sich Daten zu einer Thematik nicht nur in einem Labor sammeln, sondern dies kann parallel in verschiedenen Forschungseinrichtungen erfolgen. Eine Absicherung von Daten vor Verlust und unberechtigtem Zugriff erfolgt durch ein vorgegebenes System als auch durch die Handlung jedes einzelnen an diesem Prozess beschäftigten Wissenschaftlers. Die in einer Infrastruktur arbeitenden Komponenten sind als solche nicht fest. Vielmehr erfolgt im Laufe der Zeit ein Austausch und eine Erneuerung. Hierbei wird jedoch die zu lösende Aufgabe einer Komponente nicht aus den Augen verloren, da die Lösung dieser Aufgabe auch von einer folgenden Komponente erbracht werden muss. So erfolgt eine Kommunikation zwischen verschiedenen Systemen z. B. nicht mehr zwangsweise per Kabel, sondern kann auch drahtlos erfolgen. Die Auswirkungen auf weitere Rahmenbedingungen bei einer Weiterentwicklung von Komponenten und Systemen sind entsprechend zu beachten.

---

[1] Die Cyberinfrastruktur integriert Hardware für die Berechnung, Daten und Netzwerke, digitale Sensoren, Observatorien und Labore, und eine interoperationale Suite von Soft- und Middleware als Dienste und Werkzeuge. Investitionen in interdisziplinäre Teams und Experten für Algorithmen- und Anwendungsentwicklung, sowie Systembetreuung sind ebenfalls notwendig, um die Möglichkeiten einer Cyberinfrastruktur zur Erstellung, Verbreitung und Bewahrung von wissenschaftlichen Daten, Information und Wissen voll zu nutzen.

Die zeitliche Entwicklung von Infrastruktur zeigt, dass lokal etablierte Insellösungen vernetzt werden. Lokale Insellösungen entstehen, da Problemstellungen nicht lokalen oder sozialen Begrenzungen
unterliegen, jedoch durch einen Wissenstransfer einmal etablierte Lösungen für eine Problemstellung von einem Standort übernommen
und an lokale Gegebenheiten eines anderen Standortes angepasst werden. Bei der Vernetzung auftretende Probleme werden über entsprechende Schnittstellen gelöst.

Infrastruktur für DM umfasst sowohl die technischen Komponenten für die Erfassung, den Transport und die Verteilung, sowie die
letztliche (Wieder-)Verwendung von Daten in Form der Datenanalyse. Es erfolgt eine Unterstützung der Prozesse für Datenerhebung
und -auswertung durch einen Anwender. Dabei sind sowohl die ge-
setzlichen Bestimmungen zur Datenverarbeitung als auch sicherheits-
relevante Mechanismen zum Schutz des Eigentums eines Anwenders
an den erhobenen Daten, an den Analyseergebnissen und ebenfalls
an den Erhebungs- und Analyseprozessen zu beachten.

4.2 (Natur-)Wissenschaftliches Arbeiten und Datenanalyse

> Es gibt nicht den allgemeinen wissenschaftlichen Ansatz
> und die allgemeine wissenschaftliche Methode, die sich auf
> alle historischen Stufen ihrer Entwicklung anwenden las-
> sen. (Chalmers, Bergemann und Altstötter-Gleich (2001))

Mit dieser Aussage schließt der Autor seine Betrachtungen über
Ansätze zur Wissenschaftsbetrachtung ab. In diesem Buch von Chalmers tauchen die Begriffe Theorien, Beobachtungen, Annahmen, Hypothesen, Forscher und Gemeinschaften an zahlreichen Stellen lose
auf. Mit der Definition des Modells nach Thalheim (2013) in Abschnitt 2.1 werden diese Begriffe für modellgetriebene Wissenschaften in einen Zusammenhang gesetzt.

Der wissenschaftliche Ansatz der Induktion versucht, aus einer
Reihe von Beobachtungen zu einer allgemeinen Aussage zu gelan-

gen. Hierfür formuliert Chalmers, Bergemann und Altstötter-Gleich (2001) drei Bedingungen:

1. Verallgemeinerungen müssen auf einer großen Anzahl von Beobachtungen beruhen.

2. Die Beobachtungen müssen unter einer großen Vielfalt von Bedingungen wiederholt worden sein.

3. Keine Beobachtungsaussage darf im Widerspruch zu entsprechenden allgemeinen Gesetzmäßigkeiten stehen.

Diese Bedingungen lassen sich auf das DM übertragen.

1. Ein allgemeines Muster muss auf einer großen Anzahl von Beobachtungen in Form von Daten beruhen.

2. Die Beobachtungen in Form von Datensätzen müssen unter einer großen Vielfalt von Bedingungen wiederholt worden sein.

3. Keine Beobachtung darf im Widerspruch zum entsprechenden allgemeinen Muster stehen.

Fragestellungen resultierend aus diesen Bedingungen sind gegeben. Was ist eine große Anzahl an Beobachtungen bzw. Daten? Was bedeutet Vielfalt von Bedingungen unter denen die Beobachtungen bzw. Daten entstanden? Welche Rolle spielen Ausnahmen in den Beobachtungen und Daten? Wann ist ein Widerspruch zwischen einer Beobachtung und dem allgemeinen Muster auf die Beobachtung selbst und nicht auf die Umstände der Beobachtung bzw. der Beschreibung der Beobachtung zurückzuführen? Ein weiteres Problem ist, dass bei Anwendung der Induktion nicht die Gültigkeit der Beobachtungen bzw. Daten selbst in Frage steht.

Der wissenschaftliche Ansatz nach Bayes betrachtet die sich bedingenden Wahrscheinlichkeiten, welche zwischen einer Annahme h und einer Beobachtung b gültig sind. Das zugehörige Theorem lautet

$P(h|b) = P(h) * \frac{P(b|h)}{P(b)}$. Hierbei beschreibt $P(h|b)$ die Wahrscheinlichkeit für die Gültigkeit einer Annahme h unter der Bedingung, dass
eine entsprechende Beobachtung b erfolgte. Entsprechend ist $P(b|h)$
ein Maß dafür, wie wahrscheinlich die Beobachtung b unter Voraussetzung der Gültigkeit der Annahme h ist. Ein Problem bei der Berech-
nung der Wahrscheinlichkeit $P(h|b)$ liegt in der Angabe der Wahr-
scheinlichkeit $P(h)$. Diese Angabe beruht entweder auf subjektiven
Angaben eines Anwenders, oder sie berechnet sich auf Grundlage von
$P(h) = 1 - \Sigma P(\bar{h})$. Hierbei müssen jedoch sämtliche alternative Annahmen $H - \{h\}$ der Annahme h sowie deren Wahrscheinlichkeiten
bekannt sein. Diese Vollständigkeit ist nicht gegeben.

Im Sinne des DM dient der Ansatz nach Bayes zum Einen als eine
eigenständige Methode zur Datenanalyse selbst. Zum Anderen kann
jedoch davon gesprochen werden, dass jede Datenanalyse eines Datensatzes von Beobachtungen und einer gegebenen Annahme zu einer
Bestätigung bzw. Widerspruch der Annahme führt.

In den Naturwissenschaften hat sich für das Feststellen und die
Prüfung von Beobachtungen die Methode des Experiments etabliert.
Ein Experiment ist eine Untersuchung zum Gewinnen von Informa-
tionen.

Unter den Begriff des Experiments zähle ich sowohl Beobachtungsergebnisse aus Feld- bzw. Laborexperimenten als auch Beobachtungsergebnisse aus Observationen. Feld- bzw. Laborexperimente zeichnen
sich dadurch aus, dass ein Wissenschaftler ein System konstruiert,
in welchem er gezielt bestimmte Merkmale systematisch manipulie-
ren ggf. ausschalten kann. Observationen hingegen beruhen auf der
Beobachtung eines Systems, in welches ein Wissenschaftler nicht ma-
nipulativ eingreift. Hierzu zählen z. B. Observationen in der Astrono-
mie.

Sowohl den Feld- bzw. Laborexperimenten als auch den Observationen ist gemeinsam, dass das Ziel die Generierung von reprodu-
zierbaren und objektiven Aussagen ist. Dazu gehört im Vorfeld eine
Beschreibung der Durchführung eines Experimentes mit der Charakterisierung der beobachteten Merkmale. Bei der Durchführung eines

Experimentes sind die entsprechenden Beobachtungen zu dokumentieren, und die daraus erzielten Schlussfolgerungen aufzuzeigen.

Die bei einem jeden Experiment erhobenen Daten werden vom durchführenden Wissenschaftler gesammelt und ausgewertet. Die Arbeitsergebnisse wiederum werden einer interessierten Forschungsgemeinschaft durch Beiträge in Literatur und auf Konferenzen vorgestellt. Eine Forderung von Wissenschaft fördernden Gesellschaften, z. B. der Deutschen Forschungsgemeinschaft, ist, dass Daten auf denen Arbeitsergebnisse und Schlussfolgerungen beruhen, entsprechend mit einer Publikation der Öffentlichkeit zur Verfügung gestellt werden.

4.3 Datensatz, Datenraum, Datenqualität

Die Agenten in der technischen Ebene eines DM-Prozesses, der Data Driven Perspective (Abschnitt 3.5) arbeiten auf einem konkreten Datensatz. Wissenschaftler beschreiben ihre Beobachtungen und Messergebnisse in Datensätzen, die in Datenanalysen dieser Ebene Verwendung finden. In diesem Abschnitt erfolgt daher eine genauere Betrachtung des Begriffes „Datensatz", sowie der damit verbundenen Eigenschaften. Ein weiterer Aspekt, der bei der Datenanalyse im Rahmen des DM eine Rolle spielt, ist die Qualität eines Datensatzes. Es ist zu klären, wie die Qualität eines Datensatzes bestimmt wird, was sie beeinflusst, und wie mit Qualitätsproblemen eines Datensatzes umgegangen werden kann.

4.3.1 Datensatz und Datenraum

Eine eindeutige Definition, was unter dem Begriff *Datensatz* zu verstehen ist, gibt es nicht. IBM[2] definiert einen Datensatz wie folgt:

---

[2]http://publib.boulder.ibm.com/infocenter/zos/basics/topic/com.ibm. zos.zconcepts/zconc_datasetintro.htm

The term data set refers to a file that contains one or more records. The record is the basic unit of information.[3]

Ein Datensatz ist nach dieser Definition ein Einträge enthaltender Container. Eigenschaften und Anforderungen an Struktur und Aufbau eines Containers bleiben offen. Wie ein Eintrag aufgebaut ist, wird nicht geklärt.

Renear, Sacchi und Wickett (2010) vergleichen verschiedene in der Literatur zu findende Definitionen des Begriffs *Datensatz*, und kommen zum Ergebnis, dass sich ein Datensatz über vier Eigenschaften charakterisieren lässt.

Die erste Charakteristik zur Definition eines Datensatzes ist die *Gruppierung*. Wie bereits in der Definition von IBM gesehen, kann ein Datensatz als ein Container bzw. eine lose Sammlung von Daten aufgefasst werden. Weiterhin kann ein Datensatz mit der mathematischen Definition einer Menge unterlegt sein. Hierbei wird die Eigenschaft der Identifikation eines Eintrages im Datensatz wichtig.

Eine zweite Charakteristik eines Datensatzes ist der *Inhalt*. Inhalt kann in Form von Beschreibungen als Fakt oder subjektiver Eindruck über existierende oder abstrakte Beobachtungen und Objekte der Realität vorliegen, oder aber in Form von Messwerten bzw. Records von Werten. Der Inhalt eines Datensatzes reflektiert somit das Ergebnis einer Reihe von Aktivitäten, wie Messen oder Beobachten in der Realität. Der Inhalt selbst kann als ein konkreter und sofort lesbarer Wert angegeben werden, oder aber er ist gekapselt, wie es z. B. bei Bildern möglich ist. Eine Form bzw. ein Format eines Datensatzes ist bestimmt von den Konventionen, wie ein Datensatz zu interpretieren ist, wenn er geladen, gespeichert und verarbeitet wird. Die Interpretation eines Datensatzes ist von der Verwendung eines konkreten Werkzeugs abhängig. Da nicht die Beurteilung von Werkzeugen für das DM im Fokus dieser Arbeit liegt, wird eine Betrachtung verschiedener Datenformate für Datensätze in dieser Arbeit nicht durchgeführt.

---

[3]Der Begriff Datensatz bezieht sich auf eine Datei, die einen oder mehrere Records enthält. Ein Eintrag ist die Basiseinheit an Information.

Die dritte Charakteristik umfasst den *Zusammenhang* als ein Rahmen für den Inhalt Inhalts. Einen Rahmen bildet der pragmatische Kontext, z. B. Ort, Zeit oder Messgerät eines Datensatzes, der Zusammenhang über die syntaktische Struktur der Datenobjekte, oder die semantische Einheit der Datenobjekte.

Als vierte Charakteristik spielt der *Zweck* eine Rolle bei der Definition eines Datensatzes. Hinter dem Zweck verbirgt sich die Intention eines Anwenders, der diesen Datensatz erstellt hat. Diese Intention kann darin begründet liegen, entsprechendes Wissen festzuhalten, und somit entsprechende Begründungen für erarbeitete Theorien zu liefern. Ein Datensatz dient ebenfalls als Ausgangspunkt zur Prüfung neuer Hypothesen bzw. zur Erklärung aufgefundener Phänomene.

Darüber hinaus ist ein Datensatz über das *Abstraktionslevel* des Inhaltes zu definieren. Das Abstraktionslevel eines Datensatzes spiegelt die Granularität seines Inhaltes wider.

In Abbildung 4.1 sind diese Charakteristiken in der Übersicht dargestellt.

Abbildung 4.1: Charakteristiken eines Datensatzes

Ein Datensatz für den DM-Prozess erfüllt den Zweck, Aussagen über den Datensatz und damit das diesem Datensatz zugrundeliegende Schema zu finden und zu erklären. Ein Datensatz im DM unterliegt der Mengensemantik, die einzelnen Beobachtungen werden voneinander unterschieden und lassen sich identifizieren. Betrachtete Analyseverfahren im DM in dieser Arbeit erfordern weiterhin, dass der Inhalt eines Datensatzes direkt gelesen und verarbeitet werden

kann. Ob in diesem Datensatz Beschreibungen oder Messwerte gespeichert sind, ist zunächst nicht relevant.

In einem Datensatz DS werden eine Menge von Beobachtungen
$\mathcal{B} = \{b_1, \ldots, b_n\}, n \in N$ betrachtet. Weiterhin wird eine Beobachtung
$b \in \mathcal{B}$ durch eine Menge von Eigenschaften $\mathcal{E} = \{e_1, \ldots, e_m\}, m \in N$
beschrieben. Diese Menge von Eigenschaften wird als Eigenschaftsdi-
mension betrachtet, und auf eine Menge von Attributen $\mathcal{A}$ abgebildet.

Die Eigenschaften eines Wertebereichs von Attributen werden gekennzeichnet durch

- einen Datentyp,

- eine Struktur von Werten,

- eine Skalierung,

- und eine Genauigkeit.

Über den Datentyp wird der syntaktische Aufbau des Wertebereiches eines Attributes festgelegt. Es handelt sich hierbei um die
Form der Repräsentation eines Wertes. Es erfolgen Einschränkungen,
welche Zeichen oder Zeichenketten als syntaktisch gültige Werte einem Attribut zugeordnet werden, oder aus welchen Intervallen gültige
Messwerte für ein Attribut gewählt sind.

Die semantische bzw. relative Bedeutung eines Attributes ist nach
Jain und Dubes (1988) gerade bei numerischen Attributen für die
passende Anwendung von mathematischen Operationen im Hinblick
auf die Vergleichbarkeit von Werten wichtig. Eine Möglichkeit zur
Bestimmung der semantischen bzw. relativen Bedeutung bietet die
Skalierung. Die Definition geht auf Stevens (1946) zurück. Es wird
zwischen den vier Skalen Nominalskala, Ordinalskala, Intervallskala
und Verhältnisskala unterschieden. Werte eines Attributes $v, w \in \mathcal{V}_a$
der Nominalskala können nur mit der Gleichheitsrelation $v = w$ bzw.
$v \neq w$ verglichen werden. Die Ordinalskala erweitert die Nominalskala dahingehend, dass eine Ordnungsrelation $v \prec w$ bzw. $v \succ w$ innerhalb des Wertebereiches eines Attributes besteht. Die Intervallskala

ermöglicht als Erweiterung der Ordinalskala für zwei Werte eines Attributes, eine sinnvolle Interpretation des absoluten Abstandes $|v - w|$ anzugeben. Die Verhältnisskala vereint die Eigenschaften der bereits genannten drei Skalen. Durch einen absoluten Nullpunkt im Wertebereich des Attributes lässt sich das Verhältnis von zwei Werten zueinander v/w sinnvoll interpretieren.

Verbunden mit den unterschiedlichen Skalentypen sind die Möglichkeiten der Statistik, entsprechende Aussagen über Häufigkeiten von Ausprägungen eines Attributes in einem Datensatz zu treffen. Für die Nominalskala ist dies der *Modus*, der eine Zählung des Vorkommens eines Wertes repräsentiert. Bei einem Attribut der Ordinalskala kann aufgrund der Ordnungsrelation der Werte der *Median* bestimmt werden. Bei Attributen, die der Intervallskala unterliegen, wird als Lagemaß das *arithmetische Mittel* bestimmt. Der *generalized mean* liefert eine interpretierbare Aussage bei Attributen der Verhältnisskala.

Im statistischen Sinn spiegelt der Begriff *Genauigkeit* die Nähe einer Reihe von Messwerten aus sich wiederholenden Messungen zu einem „wahren" Wert wider. Dieser „wahre" Wert ist nicht zwangsweise bekannt. Die Maße Präzision und Verzerrung sind eine Möglichkeit, die Genauigkeit eines Messwertes anzugeben. Die *Präzision* indiziert nach Tan, Steinbach und Kumar (2006) die Nähe der Messwerte von wiederholten Messungen zueinander, und die *Verzerrung* spiegelt die systematische Variation der Messwerte um einen hypothetisch korrekten Wert wider. Basierend auf den Konzepten der Präzision und Verzerrung definiert Hand, Padhraic Smyth und Mannila (2001) genaue Daten als präzise Daten mit einer kleinen Verzerrung.

Der Inhalt eines Datensatzes ist in drei Bereichen miteinander verbunden.

1. Syntax: Die Syntax definiert die gemeinsame Struktur der Einträge eines Datensatzes. Dies erfolgt über die Definition einer Menge von Typen $\mathcal{T}$ über der Attributmenge $\mathcal{A}$.

2. Semantik: Die Semantik definiert über den Typen der Menge $\mathcal{T}$ statische und dynamische Integritätsbedingungen.

3. Pragmatik: Die Pragmatik definiert den kontextuellen Rahmen für den Datensatz.

Ein Datensatz durchläuft verschiedene Abstraktionsebenen. So entsteht ein Datensatz bei der Datenerfassung zunächst in seiner Rohform. Durch den Einsatz von Aggregations-, Annotations-, Filter- und Kontrolloperationen wird ein Datensatz mit Mikrodaten von Beobachtungen durchgeführter Experimente auf höhere Abstraktionslevel überführt.

Bei der Ausführung entsprechender Operationen auf einem Datensatz erfolgt eine Anpassung des Inhaltes sowie des Zusammenhangs in Abhängigkeit vom benötigten Zweck. Jeder Datensatz bildet somit eine Instanz innerhalb eines *Datenraumes*.

Die Verschiebung eines Datensatzes in einem Datenraum erfolgt mittels Funktionen. Bienemann (2008) liefert eine formale Definition von Datenraum und Funktionalisierung.

Eine *Funktionalisierung* besteht aus den Elementen $(\mathcal{S}, \mathcal{F}, \Sigma, s_0)$ mit

1. einer Spezifikation der *Struktur* $\mathcal{S} = (DD, V)$, bestehend aus einem *Datenbankschema* $DD = (T^{DD}, \Sigma^{DD})$ mit einer Menge von Typen T^{DD} und einer Menge statischer Integritätsbedingungen Σ^{DD}, sowie einer Menge von Sichten V über dem Datenbankschema DD,

2. einer Menge von Anwendungsfunktionen $\mathcal{F}$,

3. einer Menge von dynamischen Integritätsbedingungen Σ über $\mathcal{S}$,

4. und einem gegebenen Anfangszustand s_0.

Somit wird der Datenraum mit Funktionalisierung durch die Dimensionen *Strukturverfeinerung*, *Kontextanreicherung*, und *Instantiierung* bestimmt. Eine Illustration des Datenraumes findet sich in Abbildung 4.2.

Der Datenraum für Bobachtungen in der Wissenschaft wird durch das folgende allgemeine Datenschema in Abbildung 4.3 beschrieben:

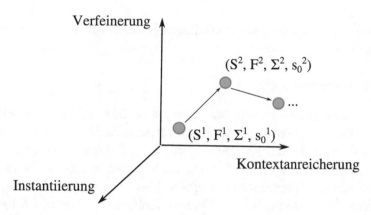

Abbildung 4.2: Datensatz im Datenraum

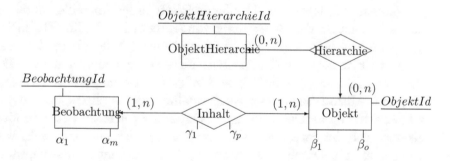

Abbildung 4.3: Datenschema für Beobachtungen

Die Attribute $\alpha_1, \ldots, \alpha_m, \beta_1, \ldots, \beta_n$ dienen zur Charakterisierung von Beobachtungen/Objekten. Eine qualifizierende bzw. quantifizierende Charakterisierung eines Objektes innerhalb einer Beobachtung wird über die Attribute $\gamma_1, \ldots, \gamma_o$ vorgenommen. Weiterhin kann angenommen werden, dass Objekte ggf. in Klassen eingeordnet sind, und somit eine Hierarchie abgebildet wird. Diese Klassifizierung muss nicht zwingend überlappungsfrei sein.

Einhergehend mit diesem Schema stellen sich die Fragen, wie viele Attribute $\alpha_n, \beta_n, \gamma_o$ tatsächlich benötigt werden. Was ist der entsprechende Wertebereich eines Attributes? Welche Integritätsbedingungen gelten?

4.3.2 Datenqualität

Riesige bzw. große Datensätze weisen Konflikte auf, die eine schlüssige Analyse erschweren. Diese Konflikte sind differenziert zu betrachten, abhängig davon, an welcher Stelle im Entstehungs- bzw. Verarbeitungsprozess sie ihren Eingang finden, und welche Auswirkungen sie auf ein Analyseergebnis ausüben. Das Prinzip des „Garbage In - Garbage Out", wie z. B. von Lidwell, Holden und Butler (2010) charakterisiert, besagt, dass die Qualität eines Ergebnisses eines Systems abhängig von dessen Eingabe ist. Doch was kennzeichnet „Garbage"?

Inkonsistenz, falsche und fehlende Werte, oder Ausreißer sind Beispiele im Bereich der Beurteilung von Datenqualität. Eine Definition von *Datenqualität* liefern Borowski und Lenz (2008) als die bedarfsgerechte Fitness eines Datensatzes für einen gegebenen Zweck. Die Angabe eines allgemeingültigen Maßes für Datenqualität ist nicht möglich. Mithin beschreibt Datenqualität die implizite bzw. explizite Erwartung an Daten in einem Datensatz durch einen Anwender. Ändert sich der Zweck eines Datensatzes, so können andere Erwartungen an die Datenqualität der darin enthaltenen Daten gestellt werden. Um jedoch einen Datensatz als passend für einen Zweck bezeichnen zu können, bedarf es einiger Kriterien. Zum einen setzt eine Datenqualitätsbestimmung voraus, dass die Erwartungen eines Anwenders an den Datensatz klar formuliert sind, und zum anderen werden geeignete Messverfahren zur Bestimmung von Kenngrößen für die definierten Erwartungen angewendet. Kenngrößen als Ergebnis von Messverfahren auf einem Datensatz bilden nicht alle Aspekte an die Datenqualität ab. Die Geschichte des Datensatzes und damit verbunden dessen Objektivität, Glaubhaftigkeit und Reputation spielt zur Beurteilung der Datenqualität aus Sicht eines Anwenders ebenfalls eine Rolle. Aus welcher Quelle stammt der Datensatz? Wie wurden die darin enthaltenen Daten gesammelt? Welchen und wessen Änderungen sind die Daten unterworfen, um in welcher Abstraktionsstufe aktuell vorzuliegen?

Es existieren verschiedene Ansätze für die Beurteilung von Datenqualität. Wang und Strong (1996) formulierten in einem Framework Beurteilungskriterien basierend auf der Auswertung einer Umfrage unter Nutzern von Datensätzen. Hier kristallisierten sich vier generelle Dimensionen mit insgesamt 15 Kriterien zur Beurteilung von Datenqualität heraus: intrinsische, kontextuelle, repräsentative, und zugängliche Datenqualität.

Die Kriterien dieses Frameworks wurden auf subjektiven Nutzersichten basierend entwickelt. Somit ist die entsprechende Qualitätsbewertung eines Datensatzes stark vom jeweiligen Anwender abhängig. Die intrinsische Dimension der Datenqualität enthält z. B. die Qualitätskriterien Glaubhaftigkeit, Objektivität, Genauigkeit und Reputation. Stimmen die Daten nicht mit den Annahmen an die Daten eines Anwenders überein, so kann dieser die Daten für unglaubwürdig oder fehlerhaft halten. Die Dimension der kontextuellen Datenqualität zielt auf den Zweck eines Datensatzes ab. Unterschiedliche Ansichten von Anwendern über einen Zweck eines Datensatzes führen zu unterschiedlichen Qualitätsbewertungen. Das Kriterium Interpretierbarkeit der Dimension repräsentative Datenqualität kann von einem Anwender nicht bewertet werden, wenn die Arbeitsweise des Werkzeugs zur Dateninterpretation nicht verstanden ist. Die Qualitätskriterien der Dimension zugängliche Datenqualität beurteilen die Zugriffsmöglichkeiten und die Sicherheit eines Zugriffs auf einen Datensatz. Diese Kriterien sind jedoch von Systementwurf und -umsetzung abhängig und nicht vom eigentlichen Datensatz selbst. Weiterhin erfolgt im Framework lediglich eine Betrachtung der Kriterien als solches, es fehlen mögliche Messverfahren zur objektiven Bewertung der Kriterien.

Für Redman (1996) basiert die Datenqualität auf einem Datenelement. Ein Datenelement ist ein Tripel bestehend aus einem Wert v aus dem Wertebereich eines Attributes a innerhalb eines Typen t, kurz $< t, a, v >$. Datenelemente sind das kleinste Element einer Datenhierarchie. Mehrere Datenelemente ergeben ein Record, Records wiederum werden zu Datensätzen zusammengefügt. Datensätze werden in Datenbanken verwaltet, wobei Datennutzer durchaus mehrere Datenbanken besitzen.

Jedes Datenelement lässt sich in den Teilbereichen Datenmodellierung, Dateninstanziierung, und Repräsentation charakterisieren. Die Repräsentation eines Datenelementes beschreibt hier die Prozesse, die zu diesem Datenelement führten. Redman (1996) beschreibt fünf Dimensionen, die zur Beurteilung der konzeptuellen Datenqualität gehören. Dies sind Inhalt, Level of Detail, Zusammensetzung, Konsistenz, und Änderungsauswirkungen. Jede Dimension umfasst Kriterien, die zur Beurteilung herangezogen werden. Im Falle des Inhaltes sind dies z. B. Relevanz (beabsichtigte und tatsächliche Einsatzmöglichkeit), Fähigkeit der Wertermittlung (Möglichkeit, alle benötigten Attributwerte einer Beobachtung zu ermitteln), oder Klarheit der Definition (ausführliche Strukturbeschreibung von Typen, Attributen, Wertebereichen, . . .). Das Level of Detail beschreibt die Attributgranularität (Anzahl und Überdeckung von Attributen zur Abbildung eines Konzeptes) und die Präzision des Wertebereiches. Die Zusammensetzung spiegelt die Identifizierung von Beobachtungen wider, beschreibt die Homogenität sowie die Normalisierung des Datenmodells. Die Modellkonsistenz bewertet die semantische Konsistenz der Komponenten des Modells und der strukturellen Konsistenz der Attribute und deren Wertebereichen innerhalb der verschiedenen Typen. Die Änderungsauswirkung dient zur Bewertung der Robustheit des Datenmodells (Fähigkeit des Modells, Änderungen der Anforderungen ohne Strukturänderungen zu verarbeiten), sowie Flexibilität, um auf geänderte Anforderungen einzugehen. Die Bewertung dieser Dimensionen erfolgt analog Wang und Strong (1996) durch einem Anwender. Als objektive Bewertungsgrundlage sind diese Kriterien jedoch schwach in der Aussagekraft. Die Qualitätskriterien der Dateninstanz beschreiben Genauigkeit, Vollständigkeit, Gültigkeit, und Konsistenz, abgebildet durch objektive Metriken. Die Genauigkeit spiegelt die Abweichung eines Wertes einer Instanz von einem wahren Wert wider. Dieser wahre Wert ist, wie bereits beschrieben, jedoch nicht zwangsweise bekannt. Weiterhin werden dabei Abhängigkeiten zwischen Attributen nicht berücksichtigt. Die Vollständigkeit misst den Grad der fehlenden Werte in einer Dateninstanz. Diese Vollständigkeit ist jedoch vom zugrundeliegenden Modell abhängig. Die Gültigkeit beschreibt den möglichen Widerspruch zwischen einer Dateninstanz und der zum Zeitpunkt der Datennutzung tatsächlich gültigen Realität. Die Konsistenz von Dateninstanzen beschreibt die Widerspruchsfreiheit bei Vergleich. Gerade bei Zusammenführung verschiedener Datenquellen können Inkonsistenzen zwischen den darin beschriebenen Dateninstanzen einer Beobachtung auftreten. Die beiden letzteren Metriken sind in der Auswertung nicht unproblematisch, da aufwändige Vergleiche durchgeführt werden müssen. Gerade im Fall der Gültigkeit müsste eine erneute Datenerfassung zum Vergleich herangezogen werden. Die Repräsentation von Datenelementen bezieht sich auf die zweckgebundene Formatierung eines Datensatzes, die Portabilität, Formatpräzision und -flexibilität, die Fähigkeit fehlende Werte zu repräsentieren, und die Effizienz der Speicherform. In einer Erweiterung führt Redman (2001) weitere Kriterien und Dimensionen zur Beurteilung der Datenqualität ein, welche sich hauptsächlich mit dem Hintergrund der Datenumgebung beschäftigen, wie z. B. Sicherheit und Privacy.

Eine Übertragung der von Redman beschriebenen Qualitätsdimensionen auf das Data Mining Design Framework in Abbildung 3.5 zeigt, dass gerade die konzeptuellen Qualitätskriterien für die Modellierung der Daten in der Model Driven Perspective (Abschnitt 3.4) relevant sind. Dort wird entschieden, welche Eigenschaften einer Beobachtung für ein Modell interessant und damit berücksichtigenswert sind, und welche nicht. Für die eigentliche Datensatzanalyse in der Data Driven Perspective (Abschnitt 3.5) spielen konkrete messbare Kriterien eine Rolle.

Even und Shankaranarayanan (2007) stellen in einem Framework Metriken zur Beurteilung der Datenqualität von Daten in einem Datensatz auf unterschiedlichen Datenhierarchiestufen vor. Im Gegensatz zu einer rein objektiven Qualitätsmessung basierend auf der Größe eines Datensatzes entwickeln die Autoren Metriken, die eine kontextbasierte Bewertung ermöglichen. Diese Kontextabhängigkeit be-

steht in der Konstruktion einer funktionalen Abhängigkeit zwischen
bestehenden Attributen des Datensatzes und je einem neuen inter-
vallskalierten Kontextattribut. Basierend auf diesen Kontextattribu-
ten werden Summen für den Datensatz je Kontextattribut sowie die
Anteile der einzelnen Records an der jeweiligen Summe des Kontextattributes berechnet. Die Bewertung der Datenqualität erfolgt
für die vier Kriterien Vollständigkeit, Validität, Genauigkeit und Gültigkeit. Um eine Bewertung durchzuführen, wird das Ausmaß eines
Qualitätsproblems eines Datenelementes auf das jeweilige Kriterium
und letztlich auf das jeweilige Kontextattribut angegeben. Die Vollständigkeit wird mit einem Binärwert bemessen: ein Qualitätswert
1 zeigt an, dass ein Wert für ein Attribut für einen Typ vorhanden
und nutzbar ist, 0 andererseits. Die Validität wird ebenfalls binär
angegeben, so dass Qualitätswert 1 ein Datenelement kennzeichnet,
für welches der angegebene Wert tatsächlich dem Wertebereich des
Attributes des Typs entspricht, 0 andererseits. Die Genauigkeit spiegelt den Abstand eines angegebenen Wertes vom wahren Wert wider
und wird ebenfalls binär angegeben. Somit kennzeichnet der Qualitätswert 1 für die Genauigkeit, dass der angegebene Wert dem wahren Wert entspricht bzw. sich innerhalb einer gegebenen Toleranz
zu diesem befindet, 0 andererseits. Unberücksichtigt bleibt die Wahl
der geeigneten Abstandsmessung, sowie ggf. Abhängigkeiten zwischen
Attributen. Die Gültigkeit kennzeichnet entsprechend die Aktualität
eines Datenelementes. Die Bewertung des Kriteriums erfolgt in einem
Intervall $[0, 1]$. Die jeweiligen Qualitätsbewertungen je Kriterium werden von den Autoren bei der Berechnung der funktionalen Abhängigkeit des Kontextattributes multiplikativ berücksichtigt. Kritisch ist
die binäre Bewertung der Qualitätskriterien gerade hinsichtlich in-
tervallskalierter Attribute zu betrachten. Wann ist ein Attributwert
hier entsprechend als valide oder vollständig anzusehen?

Die Kriterien Vollständigkeit, Validität, Genauigkeit und Gültigkeit sind für den Ansatz zur Bestimmung der Datenqualität nach
Sebastian-Coleman (2013) ebenfalls zentral. Ein fünftes Kriterium
wird als Integrität bezeichnet, wird jedoch als ein spezieller Wertebereich eines Attributes aufgefasst. Diese Kriterien werden mit ob-

jektiven Metriken bewertet, wobei es nicht nur genau eine einzige Metrik je Kriterium gibt. Es werden verschiedenen Metriken für die Qualitätskriterien angegeben, die als Subjekt eine unterschiedliche Datenhierarchiestufe besitzen, oder an unterschiedlichen Punkten im Datenverarbeitungsprozess zum Einsatz kommen.

Folgende Probleme hinsichtlich der Datenqualität werden bei der Datenanalyse im DM vorrangig betrachtet.

Auf die Genauigkeit von Attributen haben Fehler in der Syntax eines Attributes Einfluss. Verletzungen des Datentyps, z. B. Buchstaben statt Ziffern, können durch Mechanismen bei der Erfassung von Daten bereits früh vermieden werden. Auch die weitere Einschränkung durch eine genaue Vorgabe von zulässigen Messintervallen oder möglichen zulässigen Werten verhindert Eingabefehler bei der Datensammlung. Semantische Ursachen für ungenaue Werte sind z. B. Homonyme oder Abkürzungen in einem Wertebereich. Die Verletzung bzw. Missachtung von definierten Integritätsbedingungen ist eine weitere Quelle für ungenaue Werte. Solche Defekte in Datensätzen effizient zu finden, ist abhängig vom verwendeten Werkzeug. Weitere Voraussetzung ist, dass der Anwender die notwendigen Vergleichswerte bzw. Einschränkungen für den Wertebereich eines Attributes definiert. Ungenaue Definitionen bzgl. der Wertebereiche lassen Spielraum bei der Bewertung und führen zu einer Vielzahl später zu prüfender Annahmen.

Einfluss auf die Integrität bzw. Vollständigkeit eines Datensatzes weisen Duplikate auf. Duplikate können z. B. durch Protokollfehler während einer Datenübertragung entstehen, oder durch das Zusammenführen von Daten aus verschiedenen Datenquellen. Duplikate sind zu unterscheiden in Tupelduplikate, wobei eine Beobachtung der realen Welt durch verschiedene parallele Tupel in einem Datensatz auf der selben Hierarchieebene beschrieben wird, und durch Objektduplikate, wobei ein Tupel in einem Datensatz verschiedene Beobachtungen der realen Welt beschreibt.

Oft tritt der Fall auf, dass Werte für ein Attribut teilweise oder ganz fehlen. Die Gründe dafür sind zahlreich. Zu klären sind die Fragestellungen *W*arum fehlt der Wert? und *W*elche Informationen befinden sich hinter den fehlenden Werten, die im Datensatz nicht erkennbar sind? Gerade die Nichtbeschäftigung mit der zweiten Frage führt zu verzerrten Analyseergebnissen, wie Hand, Padhraic Smyth und Mannila (2001) beobachteten. Ursachen für fehlende Werte können Übertragungsfehler sein. Eine Übertragung von Daten ist das automatische Einlesen von Fragebögen, bei dem entsprechende Markierungen übersehen werden. Eine weitere Ursache sind Typfehler im Datenmodell, so dass für eine Beobachtung in der Realität die Bestimmung eines Wertes für das Attribut schlicht nicht möglich ist. Eine weitere Ursache ist ebenfalls das bewusste Verschweigen eines gültigen Wertes für ein Attribut. So ist denkbar, dass ein Kunde einer Bank (Abschnitt 2.3) keine Angaben über sein Einkommen machen möchte.

Eine Durchführung einer aussagekräftigen Datenanalyse erfordert einen Umgang mit fehlenden Werten. Die einfachste Möglichkeit ist die Akzeptanz der Fehlwerte durch den Anwender. Es können jedoch nicht alle Analyseverfahren mit entsprechenden Fehlwerten umgehen. Alternativ erfolgt eine Ersetzung oder das Herausfiltern eines Fehlwertes. Hierbei ist im Vorfeld zu klären, ob die Fehlwerte entsprechend eines Musters auftreten. Little und Rubin (2002) stellen einen Ansatz zur Klassifikation fehlender Werte vor. Fehlende Werte eines Attributes in einem Datensatz lassen sich in die drei Klassen Missing Completly at Random (MCAR), Missing at Random (MAR) und Not Missing at Random (NMAR) einteilen. Fehlende Werte gehören der Klasse MCAR an, sofern die Wahrscheinlichkeit eines Fehlens eines Wertes in einem Attribut unabhängig von der tatsächlichen Existenz des Wertes in diesem Attribut ist. Das Fehlen bzw. die Existenz eines Wertes kann nicht durch Werte anderer Attribute des Datensatzes begründet werden. Sofern fehlende Werte der Klasse MCAR entsprechen, können Beobachtungen mit fehlenden Werten bei der Analyse unberücksichtigt bleiben. Es wird nur eine Analyse vollständiger Beobachtungen durchgeführt. Es ist jedoch zu beachten, dass beim Filtern auf entweder vollständige Beobachtungen oder vollständige Attribute in einem Datensatz ein entsprechender Informationsverlust auftritt. Die Klasse MAR beschreibt fehlende Werte eines Attributes, wenn das Fehlen des Wertes durch Werte anderer Attribute begründet werden kann. Eine Reduktion des analysierten Datensatzes nur auf vollständige Beobachtungen führt in diesem Fall zu einer Verfälschung der Analyseergebnisse. Die Klasse NMAR kennzeichnet fehlende Werte eines Attributes, die sich weder der Klasse MCAR noch der Klasse MAR zuordnen lassen. D.h. die fehlenden Werte hängen nicht von beobachteten Werten anderer Attribute des Datensatzes ab, sondern das Fehlen des Wertes ist von der tatsächlichen Existenz des Wertes des Attributes abhängig.

Verfahren zur Ersetzung fehlender Werte in einem Datensatz unterscheiden sich in Ersetzung eines fehlenden Wertes bei einer Beobachtung sowie Verfahren bei Ersetzung mehrerer fehlenden Werte je Beobachtung.

Eine einfache Möglichkeit fehlende Werte zu ersetzen, besteht je nach Skalentyp des betroffenen Attributes darin, für die vorhandenen Werte des Attributes einen Lagewert z. B. den Mittelwert, Median oder Modus je (Teil-)Datensatz zu ermitteln. Eine solche Ersetzung von fehlenden Werten ist nur in der Klasse MCAR möglich. Allerdings werden hierbei Abhängigkeiten zwischen Attributen des Datensatzes ignoriert und verzerrt. Ebenfalls erfolgt eine Verzerrung der tatsächlichen Verteilung der Werte des Attributes. Eine Ersetzung eines fehlenden Wertes durch einen definierten neuen Wert ist nicht sinnvoll, da es dabei zu falschen Schlussfolgerungen kommen kann.

Um fehlende Werte der Klasse MAR zu ersetzen, vergleichen Luengo, García und Herrera (2012) verschiedene Ersetzungsverfahren. Ersetzungsverfahren, welche fehlende Werte nicht durch pauschale Lagewerte oder fest definierte Werte ersetzen, versuchen, aus den vorliegenden vollständigen Beobachtungen Muster zu extrahieren, mit deren Hilfe die Datenlücken in Beobachtungen geschlossen werden. Verfahren der Mustererkennung werden in Abschnitt 4.5 aufgezeigt. Die Schlussfolgerung der Autoren ist einerseits, dass jedes Ersetzen von fehlenden Werten zu besseren nachfolgenden Analyseergebnissen führt, als die einfache Akzeptanz von fehlenden Werten bzw. die Konzentration auf vollständige Beobachtungen. Andererseits gibt es nicht die „beste" universelle Methode zum Ersetzen von fehlenden Werten, da die gewählte Methode zur Ersetzung von Fehlwerten Einfluss auf nachfolgende Verfahren zur Mustererkennung hat. Weiterhin zeigt sich, dass die eingesetzten Techniken selbst auf DM-Algorithmen basieren. Dies zeigt ebenfalls, dass eine strikte Trennung zwischen einer Datenvorbereitung und der eigentlichen Datenanalyse wie in Abschnitt 2.2.1 und Abschnitt 2.2.2 nicht sinnvoll ist.

Die Genauigkeit als Parameter zur Bestimmung der Datenqualität wird durch die Abweichung eines Wertes von seinem wahren Wert beschrieben. Abweichungen bzw. Verfälschungen in den Werten werden als Noise bezeichnet und führen je nach Ausmaß zu einer Beeinträchtigung der Analyseverfahren und damit der Analyseergebnisse. In den Bereich von Noise fallen ebenfalls einzelne Attributwerte von Beobachtungen, die sich signifikant von der Mehrheit der vergleichbaren Attributwerte anderer Beobachtungen unterscheiden. Diese werden als Ausreißer bezeichnet. Ausreißer beeinflussen die Analyseergebnisse ebenfalls und werden als Fehler in den Daten wahrgenommen. Hand, Padhraic Smyth und Mannila (2001) zeigen, dass es sich bei Ausreißern durchaus ebenfalls um eine natürliche Variation der Werte in den tatsächlichen Beobachtungen hinter dem Datensatz handeln kann, und daher gerade solche Ausreißer eine interessante Zielstellung eines Analyseprozesses sind. Ein Beispiel bildet die kontinuierliche Messung der Erderschütterung. Schwere Erdbeben bilden Messspitzen, die weit abseits der üblichen Messwerte liegen. Daher ist für jeden Analyseprozess eine eigene Definition und Strategie zum Umgang mit Ausreißern festzulegen.

Neben der Prüfung der Einzelwerte eines Attributes gegen die Spezifikation des Wertebereiches sind statistische Tests, je nach Skalenart des Attributes, ein gängiges Verfahren zum Aufspüren von Noise im Datensatz. So berücksichtigt der Ausreißertest nach Grubbs z. B. Lagemaße und Häufigkeitsverteilungen von Werten im Wertebereich eines Attributes, während z. B. der Ausreißertest nach Walsh ohne Berücksichtigung einer Häufigkeitsverteilung der Werte im Wertebereich eines Attributes auskommt. Diese Tests bilden Werkzeuge zu einer objektiven Bewertung der Genauigkeit eines Datensatzes.

4.4 Datenerfassung und -verwertung

Wie in Abschnitt 4.2 beschrieben, ist das Experiment bzw. die Observation eine Methode, um Beobachtungen an einem System bzw. in der Realität durch einen Wissenschaftler vorzunehmen. Eine Wiederholbarkeit und die Überprüfbarkeit der Resultate erfordert, sowohl den Aufbau des Experimentes bzw. der Observation zu beschreiben, als auch die festgestellten Beobachtungen z. B. in Form von Messwerten zu protokollieren.

Datensätze als ein Ergebnis von Experimenten und Observationen sind im Rahmen des DM Quelle eines Datenanalyseprozesses und besitzen einen entsprechenden fachlichen Hintergrund.

In diesem Kapitel wird der Fragestellung nachgegangen, wie entsprechende Datensätze (Abschnitt 4.3) für die Analyse entstehen, und wie die Historie für die notwendige Interpretation eines DM-Ergebnisses einem Analysten zur Verfügung gestellt wird.

4.4.1 Workflowbasierte Datenerfassung

Wie im DMD-Framework gezeigt, ist nicht nur der Zugriff auf einen Datensatz für die Konstruktion eines DM-Ergebnisses ausreichend, sondern der Anwender eines DM-Algorithmus bedarf des Rückgriffs auf die Historie der analysierten Daten für die Interpretation eines erhaltenen Musters. Wie ebenfalls gezeigt, ist bei einer induktiven Methode, zu denen die DM-Algorithmen gehören, eine Vielzahl von Daten aus unterschiedlichen Experimenten für die Analyse sinnvoll. Große Datenmengen entstehen jedoch meist über einen langen Zeitraum. Während eine anerkannte Methode zur Durchführung eines Experimentes stabil ist, ändern sich im Laufe der Zeit ggf. die technischen als auch organisatorischen Möglichkeiten zur Durchführung eines Experimentes. Mit Änderung der verwendbaren Technologien ergibt sich ein Spielraum bei der Dateninterpretation. Was ist daher das Bindeglied zwischen der Datensammlung und der späteren Datenanalyse? Wie kann eine Unterstützung eines Wissenschaftlers dahingehend erfolgen, dass eine Dokumentation der Daten bereits bei der Sammlung erfolgt, und eine spätere Zusammenführung von Datensätzen erleichtert wird?

Um einen Zugriff auf bereits bestehende Datensätze zu ermöglichen, sind Wissenschaftler bei Publikationen angehalten, die diesen zugrundeliegenden Daten in entsprechenden öffentlichen fachspezifischen Repositorien, z. B. PANGAEA[4] für Erd- und Umweltwissenschaften, für eine Prüfung und spätere Nutzung zu hinterlegen. Nelson (2009) stellt fest, dass diese Repositorien jedoch nicht seitens der Wissenschaftler den Zuspruch erfahren, wofür sie geschaffen sind. Sie bleiben leer. Die Gründe dafür sind verschieden. So befürchten Wissenschaftler, dass sie als Urheber der Daten den Anspruch an der Nutzung selbst verlieren. Weiterhin ist ihnen die Wahl der Infrastruktur zum Sammeln und Bearbeiten der Daten selbst überlassen. So wählt ein Wissenschaftler sich die entsprechenden Werkzeuge, mit denen er durch seine bisherige Arbeit vertraut ist. Diese Werkzeuge benutzen zumeist spezifische Datenformate, und unterstützen nicht die Datenformate der Repositorien. Eine Veröffentlichung eines Datensatzes, und damit eine notwendige Konvertierung der Daten und ein entsprechendes Anreichern mit Metainformationen zu einem vollständigen Datensatz, ist für den Wissenschaftler eine zusätzliche Aufgabe (Tenopir u. a. (2011)), die mit der eigentlichen Forschungstätigkeit aus Erarbeiten von Fragestellungen, Planung und Durchführung von Experimenten, Auswerten der gesammelten Daten, Publizieren von Ergebnissen, nicht zusammenfällt. Weiterhin fällt der Zeitpunkt der Datenpublikation zusammen mit der Suche nach ggf. neuen Geldgebern für nachfolgende Forschungsprojekte.

Fleischer und Jannaschk (2011) führen aus, dass daher ein Wissenschaftler bereits bei der Erhebung der Daten mit einem System zu unterstützen ist, um einen späteren Datentransport problemfrei zu ermöglichen. Diese Unterstützung darf den Wissenschaftler in seiner eigentlichen Forschungsarbeit jedoch nicht beeinflussen oder beschränken. Der Wissenschaftler selbst muss weiterhin aus diesem unterstützendem System den Datensatz für eine Publikation ohne einen

---

[4]http://www.pangaea.de/

Mehraufwand an Arbeit generieren können. Hierfür ist die Rolle eines Datenmanagers zu betrachten.

Ein entfernt vom Wissenschaftler arbeitender Datenmanager, der lediglich eine Unterstützung bei der Publikation der Daten am Ende der Forschungsarbeit durch eine Transformation von Daten angepasst für ein jeweiliges Datenrepositorium bietet, ist nach Treloar und Wilkinson (2008) unflexibel und zeitraubend. Besser arbeitet ein Datenmanager bereits von Beginn an mit dem datenerhebendem Wissenschaftler vor Ort zusammen.

Die tatsächliche Datenerhebung beginnt mit den Experimenten. Experimente werden vor einer Durchführung geplant, um letztlich die Vergleichbarkeit der erhobenen Daten zu gewährleisten. Jeder Durchlauf eines Experimentes wird protokolliert, und die dabei anfallenden Daten gesammelt. Jedoch können während der Durchführung eines Experimentes Anpassungen notwendig werden, da z. B. einzelne Chemikalien in Experimenten substituiert werden. Diese spontanen Änderungen sind ebenfalls zu erfassen. Durch solche Änderungen im Ablauf eines Experimentes entstehende Datenwerte und darauf basierende Analysemuster im DM sind ohne dieses Wissen nicht mehr erklärbar.

Die tatsächliche Durchführung eines Experimentes ist mit dem Durchlauf durch einen Workflow vergleichbar. Die Planung von Experimenten mittels Workflows wird z. B. von Cuevas-Vicenttín u. a. (2012) betrachtet. Die Erstellung definierter Workflows in der Wissenschaft ist die Unterstützung eines Anwenders bei Automatisierung der Datenerhebung, einer Skalierung der bei der Arbeit notwendigen Daten, eine Adaption von entstehendem Aufwand bei der Durchführung von Experimenten durch Wiederverwendung von vorhandenen Lösungen, und der Dokumentation der Provenienz von Daten.

Um ein entsprechendes System zur Unterstützung der Datensammlung eines Wissenschaftlers zu entwickeln, müssen besonders zwei Fragestellungen berücksichtigt werden.

1. Um zu vermeiden, für jedes Experiment ein eigenständiges System zu schaffen, steht die Frage: Wie wird mit Änderungen umgegangen?

2. Jedes Experiment besitzt einen eigenen Datenraum. Welche Möglichkeiten bestehen, diese unterschiedlichen Datenräume gerade hinsichtlich der ersten Fragestellung in einem System unterzubringen?

4.4.2 Änderungsmanagement

Informationssysteme sind mit Beginn ihrer Konzeption und Entwicklung über ihre gesamte Laufzeit Änderungsanforderungen unterworfen. Änderungen erfolgen nicht nur im User Interface, sondern ebenfalls an den implementierten Verarbeitungslogiken und in den Systemen zur Datenhaltung. Die Gründe für solche Änderungsanforderungen sind mannigfaltig und reichen von Veränderungen in der Hardwareinfrastruktur eines Systems bis zur Änderung von Geschäftsaufgaben des betreibenden Anwenders. Während gerade in den frühen Phasen der Entwicklung Änderungen im entstehenden Informationssystem berücksichtigt werden können, rufen Änderungen bei laufenden Informationssystemen ggf. eine Folge von weiteren Änderungen hervor. Ein systematisches Änderungsmanagement richtet sich in der Praxis bisher nach den Erfahrungen der involvierten Entwickler. Eine Betrachtung eines systematischen Änderungsmanagements erfolgt in Jannaschk, Jaakkola und Thalheim (2015).

Im Process Assessment Standard ISO/IEC (2006) wird eine Änderungsanforderung als ein eigenständiges Artefakt behandelt. Ein Zweck des Änderungsprozesses (SUP.10) definiert sich:

> The purpose of the Change Request Management Process is to ensure that change requests are managed, tracked and controlled.[5]

---

[5]Zweck des Änderungsmanagementprozesses ist sicherzustellen, dass Änderungsanforderungen gemanagt, dokumentiert und kontrolliert werden.

Als Ergebnis einer Anwendung dieser Anforderung findet sich im Process Assessment Standard ISO/IEC (2006) die folgende Aufgabenliste:

1. eine Änderungsstrategie wird entwickelt;

2. Änderungsanforderungen werden identifiziert und aufgezeichnet;

3. Abhängigkeiten und Beziehungen zu weiteren Änderungsanforderungen sind aufzuzeigen;

4. Kriterien für die erfolgreiche Umsetzung der Änderung sind zu definieren;

5. Änderungsanforderungen sind zu priorisieren und die notwendigen Ressourcen für die Umsetzung abzuschätzen;

6. vor einer Umsetzung von Änderungsanforderungen werden diese auf Priorität und Ressourcenverfügbarkeit geprüft;

7. geprüfte Änderungsanforderungen sind umzusetzen;

8. der jeweilige Status aller Änderungsanforderungen ist bekannt.

Im Standard finden sich neun Grundtechniken sowie Richtlinien für den Aufbau eines Änderungsmanagementplans. Letztlich liegt die detaillierte Umsetzung der Richtlinien für das Änderungsmanagement in den Händen der involvierten Organisationen und Entwickler.

In diesem Abschnitt wird daher ein Konzept aufgezeigt, wie ein systematisches Änderungsmanagement gelingen kann.

Durch die Konzeptionalisierung eines fallbasierten Modells, indem ein System von Ursachen für Änderungsanforderungen vorgestellt wird, können entsprechende Muster zur Durchführung von Änderungen entwickelt werden, welche eine Wiederverwendung ermöglichen.

Das Kategorie-Problemfall Modell zeigt eine Systematik auf, um Hintergründe für Änderungsanforderungen zu generalisieren. Der einfachste Grund für eine Änderungsanforderung ist ein *Fehler*. Ein Fehler kann während der Anforderungsanalyse, im Design oder der Handhabung eines Systems zustande kommen. Ein solcher Fehler ist zu korrigieren, findet hier jedoch keine weitere Berücksichtigung für ein systematisches Änderungsmanagement.

Es lassen sich fünf Hauptursachen für Änderungsanforderungen identifizieren.

- *Unvollständigkeit*: Ein Softwaresystem arbeitet zu jedem Zeitpunkt in einer entsprechenden Umgebung. Nach McCarthy (1993) lässt sich eine Umgebung als Paar (w, t) beschreiben, wobei w ein Zustand zu einem Zeitpunkt t ist. Zum Zeitpunkt der Entwicklung eines Systems ist es kaum möglich, sämtliche für einen Zustand w relevanten Komponenten vorauszusehen, und wie sich diese Komponenten im Laufe der Zeit entwickeln.

- *Unzulänglichkeit*: Die Unzulänglichkeit basiert auf der mangelnden Repräsentation des bekannten Wissens sowohl über die Anwendung und die verwendeten Techniken des Informationssystems als auch über den organisatorischen, strategischen bzw. sozialen Hintergrund des selbigen. Solche Unzulänglichkeiten kaschieren Workarounds.

- *Abweichung von der Normalität*: Anwender und Entwickler haben vorrangig den „Normalfall" der Anwendung im Blick, und vergessen, dass im Laufe der Zeit Anwendungsfälle außerhalb des „Normalfalles" auftreten.

  - *Lebenszeitänderung*: Änderungen werden nötig, sobald die Laufzeit des Informationssystems die vorgesehene Lebenszeit überschreitet.

  - *explizite Berücksichtigung von „versteckten" Anwendungsfällen*: Durch eine Überschätzung des „Normalfalles" treten Änderungsanforderungen auf. Bisher übersehene jedoch wichtige Szenarien sind explizit in das Informationssystem einzubringen.

- *Kontextabhängigkeit*: Informationssysteme sind in eine Umgebung eingebettet. Sie teilen Ressourcen mit anderen Systemen, werden in unterschiedlichen Kombinationen von Anwendern eingesetzt, unterliegen unterschiedlichen Wartungsszenarien und voraussetzungen für das Deployment. Ein ausreichendes Handling von Änderungen des Kontextes und deren Auswirkungen auf das Informationssystem ist nicht gegeben.

Aufbauend auf diesen Vorüberlegungen finden sich Lösungsansätze, die bei Änderungsanforderungen zur Anwendung kommen. Diese Lösungsansätze werden beschrieben durch Motivation, geeignete Beispiele, Definition eines Gütekriteriums, eines Qualitätsmaßstabs und ggf. weiterer Anmerkungen.

Die Hauptursache *Unvollständigkeit* beruht auf den folgenden Problemfällen, und wird mit den skizzierten Lösungsansätzen in Tabelle 4.1 behoben:

Tabelle 4.1: Problemfälle und Lösungsansätze bei *Unvollständigkeit*

Problemfall	Lösungsansatz
Unvollständiges Wissen	Hinzufügen vernachlässigter Spezifikationen
Unvollständige Überdeckung	Entwicklung robuster Spezifikationen
Modellierung von Makrodaten	Redesign der Mikrodaten
Integration von Bibliotheken	Vervollständigung des Wissens über im Informationssystem eingebundene Bibliotheken, Minimierung eines Bibliothekeinsatzes
Unzulänglichkeiten in der Repräsentation	Anwendung expliziter Ersatzspezifikationen
Fehlende Hintergrunddaten	Explizites Hinzufügen von Hintergrunddaten

Um die Vollständigkeit einer Spezifikation oder Implementierung zu messen, sind entsprechende Qualitätsmaßstäbe u.a. für die Schemavollständigkeit $\frac{\#repr\"asentierte\ Konzepte}{\#reale\ Anwendungskonzepte}$, den Änderungsgrad von

Typen, das Potential $\frac{\#konfliktfreie\ Typen\ der\ realen\ Anwendungskonzepte}{\#Typen\ der\ realen\ Anwendungskonzepte}$,
die Korrektheit des Typen- und Konstruktorsystems, die Korrektheit
der Struktur und die Korrektheit der statischen Semantik festzulegen.
Die *Unzulänglichkeit* lässt sich mit folgenden Problemfällen und
Lösungsansätzen in Tabelle 4.2 verdeutlichen.

Tabelle 4.2: Problemfälle und Lösungsansätze bei *Unzulänglichkeit*

Problemfall	Lösungsansatz
Restriktionen der Implementierung	Erweiterung von Theorien und Programmiersprachen
Restriktionen der Konzeption	Anwendung von neuen Theorien, Erweiterung von Logiken
Restriktionen des Sichtbereiches von Entwicklern	Erweiterung des Sichtbereiches durch Referenzmodelle
Unaxiomatisierbarkeit	Änderung der Logiken
Beschränkungen im Schlussfolgern	Nutzung von Inferenz
Teiländerungen an Objekten	Separation von stabilen und transienten Teilen

Unzulänglichkeiten ergeben sich durch konkurrierende Aktionen
und dem Bestehen von Beschränkungen, die sich z. B. durch das Mapping in atomare Constraints ergeben. Die Angabe von Default-Werten
kann für einige Domänen eingeführt werden, um NULL-Werte zu vermeiden. In Datenbanken erfolgt oft eine Integration von stabilen und
transienten Eigenschaften in einem Typ.

Ein Ansatz ist die Einführung von robusten Teilen eines Schemas,
welches auf Toleranzen und Fehlermessungen beruht. Die Schemakorrektheit $\frac{\#korrekte\ Typen}{\#Typen}$ ist ein Beispiel für eine solche Metrik.

Bei Änderungsanforderungen aufgrund der *Lebenszeit* eines Informationssystems lassen sich die Problemfälle und Lösungsansätze wie
in Tabelle 4.3 die Problemfälle und Lösungsansätze systematisieren.

Tabelle 4.3: Problemfälle und Lösungsansätze bei *Änderungsanforderungen*

Problemfall	Lösungsansatz
Änderungssensitive Normalisierung	Änderung der Normalform eines Schemas
Überladung von Zeitformen	Trennung von Zeittypen
nichttemporale Typen	Nutzung temporaler Typen
zu restriktive Modelle	Flexibilisierung
Schemainstabilität	Entwicklung dynamischer Schemata
temporäre Laufzeitfehler	ähnlich zu lösen, wie die 9 Arten der Null-Werte Thalheim und Schewe (2010)

Normalformen spielen im Bereich der Entwicklung von Datenbankschemata eine nicht unwichtige Rolle. Diese Normalformen können aufgeweicht werden, um z. B. robuste und sich entwickelnde Teilschemata zu trennen. Die Trennung von weichen und starken Constraints, sowie die Einführung von „fast gültigen" Constraints unterstützt eine flexible Wartbarkeit der Constraints. Die explizite Einführung von Zeitdomänen und die Systematisierung von Zeitarten (z. B. Transaktions-, Nutzer-, Validierungszeit) sind ebenfalls Lösungsansätze. Flexibilität wird erreicht durch robuste Schemata. Dynamische Schemata bedeutet die Einführung und Nutzung eines Zustandsmanagements, ähnlich dem Transaktionsmanagement.

Die *explizite Berücksichtigung von versteckten Anwendungsfällen* wird wie in Tabelle 4.4 systematisiert.

Annahmen und Restriktionen sind explizit anzugeben. Die Formulierung von Annahmen richtet sich nach der Entwicklungs- und Programmierkultur der entsprechenden Community. Iteratives Modellieren erhöht die Robustheit des Modells. Ein gezielt eingerichtetes Änderungs- und Versionsmanagement ermöglicht ein Aufspüren von

Tabelle 4.4: Problemfälle und Lösungsansätze bei *expliziter Berücksichtigung von versteckten Anwendungsfällen*

Problemfall	Lösungsansatz
Pragmatische Annahmen	Anwendung expliziter Modellierung
Versteckte Annahmen	Iteratives Testen
Selbstrestriktion während der Entwicklung	Auffinden von Gründen
Eingeschränkte Nutzersicht	Bildung und Schärfung
Übersehene Anwendungsfälle	Analyse und Verifikation

versteckten Annahmen. Ein Aufspüren von Selbstrestriktionen der Programmierer ist notwendig. Techniken der abstrakten Programmierung dienen zur Erweiterung der Sichtweise eines Entwicklers. Eine besondere Aufmerksamkeit für weitere Forschung sind Techniken zur Kontrolle und Korrektur von Vollständigkeitsproblemen, Entwicklung von Vollständigkeitskriterien, Analyse und Verifikationswerkzeugen, sowie die Vorhersagbarkeit von Korrektheit der Änderungen.

Eine Systematisierung von Änderungsanforderungen der *Kontextabhängigkeit* (siehe Tabelle 4.5) ist aufgrund der Abhängigkeit von der Umgebung schwer zu handhaben. Compiler optimieren Ausdrücke, ohne Kenntnis der Gedanken des Programmierers, der den Quellcode schrieb.

Datenbanksysteme basieren auf automatischer Optimierung von Anfragen. Die Optimierung ist polydimensional und wird durch Direktiven beeinflusst. Der Einsatz von dynamischen Hinweisen an den Optimierer beschränkt dessen Freiheit bei der Erstellung von Ausführungsplänen. Informationssysteme werden in speziellen Testumgebungen getestet. Bei einem Wechsel in die Produktivumgebung werden diese deaktiviert, und für die Informationssysteme gelten andere Rahmenbedingungen.

Tabelle 4.5: Problemfälle und Lösungsansätze bei *Kontextabhängigkeit*

Problemfall	Lösungsansatz
Versteckte Umgebungen	Nutzung von Kontext bewusster Programmierung
Automatische Optimierung	Entwicklung von Direktiven für den Optimierer
Operationale Freiheit	Anwendung von dynamischen Hinweisen für die Ausführung
Wechsel von Test- auf Produktivumgebung	Analyse von Fehlern in der Testumgebung
Konsolidierung und Integration	Beginn von Re-Engineering und Re-Design

Die angegebenen Listen von Problemfällen und Lösungsansätzen sind nicht vollständig. Jedoch können für jeden Problemfall eine Anzahl von Lösungen entwickelt werden. Eine generelle Lösung für jeden Problemfall ist nicht zielführend. Daher werden beispielhaft Lösungsansätze für Datenbanksysteme angegeben, z. B. lässt sich unvollständiges Wissen nicht einfach auf unvollständige Modelle zurückführen. Ein Informationssystem kann in die

a Teile der Anwendung, bei denen eine Überdeckung von Spezifikation und Modell vorliegt;

b Teile der Anwendung, die ggf. in der Zukunft interessant sein werden, und bisher nicht berücksichtigt sind;

c Teile der Anwendung, die nie interessant sein werden,

separiert werden. Üblicherweise erfolgt eine Beachtung der Teile (a) und (c) bei der Formulierung von Änderungsanforderungen. Änderungsanforderungen aus dem Bereich (b) führen zu Problemen bei der Umsetzung.

Ein generelles Strukturmuster für die Durchführung von Änderungsanforderungen enthält folgende Punkte:

- Problemfall-Lösungsansatz: eine explizite und verfeinerte Erklärung samt entsprechendem Anwendungsrahmen

- Controller: Aufzeigen und Evaluierung der Abweichungen vom erwartetem Verhalten

- Tradeoff: Evaluierung der Lösung nach Änderungen

- Änderungsmuster: Angewendetes Muster samt Datenbanktransformation

- Funktion/Sicht/Support: Änderungen an den Schnittstellen des Informationssystems

Für die Umsetzung von Änderungen wird ein Instrumentarium von Operationen benötigt. Fluri und Gall (2006) definieren basierend auf dem abstrakten Syntaxbaum eines Quellcodes die vier Operationen: *Insert*, *Delete*, *Move* und *Update*. Mit diesen Operationen werden die Knoten des abstrakten Syntaxbaumes bearbeitet. Die Operationen agieren auf den Konzepten der objektorientierten Programmierung, und werden auf den Typen *Klasse*, *Methode* und *Attribut* angewendet. Die reine Betrachtung von Änderungen auf Quellcodeebene ist nicht ausreichend, um Abhängigkeiten bei Änderungen zwischen verschiedensten Komponenten bestehend aus verschiedenen Softwaresystemen und zum Betrieb nötiger Hardware aufzuzeigen.

Farooq, Riebisch und Lehnert (2012) beschreiben ein Softwaresystem als einen gerichteten Graphen. Die Knoten des Graphen repräsentieren die Artefakte des Informationssystems, ungewichtete Kanten stellen die direkten Beziehungen zwischen den Artefakten dar. Sowohl Artefakte als auch Beziehungen werden mit Properties versehen. Ein solcher Graph muss nicht zyklenfrei sein. Ein Operationsset, um Änderungen an der Struktur des Graphen auszuführen, besteht aus einem Basisset mit den Operationen *Add* und *Delete* je für Artefakte als auch Beziehungen, und ein *Update* der Properties. Ein weitergehendes Operationsset besteht aus Folgen von Grundoperationen. So wird u.a. der *Move*-Operator als eine Folge von *Add* und *Delete* von Beziehungen aufgefasst. Ein Problem bei der Graphendarstellung ist die Granularität der Artefakte und der sie verbindenden Beziehungen.

4.4.3 Datenstrukturen zur Datenerfassung

Daten in den Experimentalwissenschaften werden nach verschiedenen fachlichen Methoden erfasst (siehe Abschnitt 4.2). Nicht nur in ihrer Struktur und ihrer Ausprägung sind sie heterogen und erfordern typischerweise ihre je eigenen Datenstrukturen und entsprechend angepassten Informationssysteme. Eine Datenstruktur, die für die Erfassung von Daten nach nur einer fachlichen Methode erstellt wird, unterliegt im Laufe der Zeit Veränderungen, da z.B. ursprünglich verwendete Apparaturen zur Probenanalyse eines Experimentes nicht mehr im Einsatz sind, und ausgetauscht werden müssen. Ebenfalls bringt jeder über eine Projektlaufzeit beteiligte Wissenschaftler seine eigene Sicht auf Daten und damit verbundene Erfahrungen mit Werkzeugen mit, oder es erfolgt in einem Forschungsprojekt eine Datenmigration mit Daten anderer beteiligter Wissenschaftler. In der Konsequenz erfolgt eine Anpassung der vorhandenen Datenstrukturen sowie der abhängigen Informationssysteme. Das Schema eines solchen Informationssystems unterliegt einer ständigen Evolution. Problemstellungen und Lösungsmöglichkeiten sind im vorherigen Abschnitt 4.4.2 entsprechend betrachtet.

In diesem Abschnitt wird eine Datenstruktur sowie ein System präsentiert, welches die Arbeit mit einfachen Datentypen in heterogenen, agilen, sich entwickelnden und großen Datenschemata mit je kleinen Ausprägungen ermöglicht. Datenschemata mit einer Vielzahl solcher Typen und Relationen zwischen ihnen werden Pixelschemata genannt. Eine Möglichkeit der Arbeit mit solchen Schemata wurde in Jannaschk, Rathje u.a. (2011) gezeigt.

Ein Beispiel für ein Pixelschema ist das von der ICOM-CIDOC[6] veröffentlichte Referenzmodell zur Arbeit mit musealen Artefakten. Die Entwicklung dieses Standards geht zurück bis ins Jahr 1996. In Version 5 Doerr, Krause und Lampe, 2010 der Ontologie von Januar 2010 finden sich 86 Klassen mit 137 Eigenschaften. Dieses Referenzmodell soll geschichtlich orientierten Institutionen z. B. Museen, den Austausch von Daten zu Exponaten etc. erleichtern.

Eine Sicht über die im Referenzmodell enthaltenen Typen und Eigenschaften ist in Abbildung 4.4 dargestellt.

Problematisch ist ein Anwachsen von Typen und Beziehungen, die entsprechende Änderungen in Informationssystemen nach sich ziehen. Eine Lösung zur Erweiterung der Typ- und Beziehungsmenge ohne eine Änderung des Informationssystems als Ganzes ist möglich, sofern die folgenden Voraussetzungen erfüllt sind.

- Einfache heterogene Anwendungstypen: Entitäts- und Relationstypen besitzen eine kleine Anzahl an Attributen.

- Sich entwickelnde Anwendungstypen: Die Entitäts- und Relationstypen sind ständigen Änderungen unterworfen. Es werden neue Typen benötigt, ältere Typen werden nicht mehr genutzt.

- Einfache Relationstypen: Die Kardinalität zwischen den Entitätstypen ist auf (0,m) und (1,n) beschränkt.

- Einfache funktionale Abhängigkeiten: Die funktionalen Abhängigkeiten zwischen den Entitätstypen erfüllt die DK/NF-Form.

- Formularorientierte Datenein- und -ausgabe: Mit definierten XML- bzw. HTML-Formularen erfolgt die Datenein- und Datenausgabe.

- Kleine Ergebnismenge bei Abfragen: Abfragen liefern eine kleine Ergebnismenge. Es erfolgt keine Datenanalyse.

---

[6]International Committee on Documentation (fr. Comitte International pour la Documentation) of the International Council of Museums

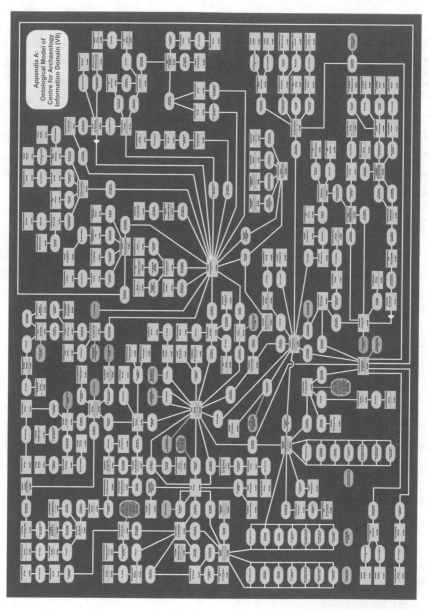

Abbildung 4.4: Diagramm der Haupttypen des CIDOC CRM nach May, Cripps und Vallender (2004)

Eine weitere Grundüberlegung ist die Binarisierung von Relationen. Ein Lagerplatz eines archäologischen Fundes wird durch den Typen $Lager(Platz, Gebaeude, Raum)$ charakterisiert. Mit einem Prädikat „Identifier" kann der Typ zu $Lager(ID, Platz, Gebaeude, Raum)$ erweitert werden. Eine Zerlegung des erweiterten Typs führt zu einer Menge von drei eigenständigen Typen $Lager\_Platz(ID, Platz)$, $Lager\_Gebaeude(ID, Gebaeude)$, und $Lager\_Raum(ID, Raum)$. Um dieselbe Information, wie im ursprünglichen Typen, zu erhalten, müssen in dieser Menge der drei Typen entsprechende Integritätsconstraints definiert werden:

$$Lager\_Place[ID] \subseteq\supseteq Lager\_Gebaeude[ID] \subseteq\supseteq Lager\_Raum[ID]$$

Diese Menge von Integritätsconstraints sei mit Einheitsconstraint bezeichnet. Weiterhin müssen Exklusivitätsconstraints zur Verwaltung der Identifier gelten. Dies bedeutet, dass die Schnittmenge der Identifier der Typen leer ist.

$$Lager\_Platz[ID] \cap Lager\_Gebaeude[ID] = \emptyset$$
$$Lager\_Gebaeude[ID] \cap Lager\_Raum[ID] = \emptyset$$
$$Lager\_Platz[ID] \cap Lager\_Raum[ID] = \emptyset$$

Ein komplettes Informationssystem ist, wie in Abbildung 4.5 gezeigt, aufgebaut. In Abbildung 4.6 ist ein generisches Datenschema gezeigt. Auf diesem Schema basieren Sichten für den Im- und Export von Daten.

4.4.4 Datensatzerstellung

In Zusammenarbeit mit der „Kieler Data Management Group" entstand ein System bestehend aus einer relationalen Datenbank, entsprechender Business-Logik und einem Webfrontend, welches einen Wissenschaftler bei der manuellen Datenerfassung unterstützt, und somit gezielt die Provenienz der Daten sicherstellt. Hierfür werden im Vorfeld eines Experimentes Workflows von einem durchführenden Wissenschaftler und einem Datenmanager definiert. Die Workflows

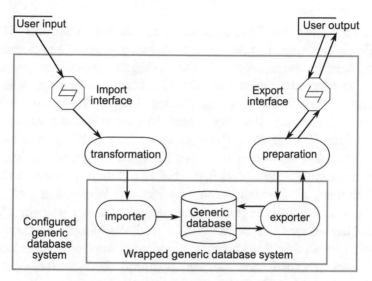

Abbildung 4.5: Die V-Architektur eines Informationssystems mit einem generischen Datenbankschema

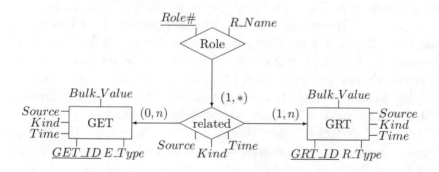

Abbildung 4.6: Generisches Datenbankschema in (H)ERM Notation

werden zur Zeit der Durchführung eines Experiments mit Hilfe einer Workflowengine durchlaufen. Dabei erfolgt eine Generierung von Formularen im Frontend für die Dateneingabe, und die eingegebenen Daten werden mit den definierten Qualitätskriterien am jeweiligen Bestandteil des Workflows abgeglichen. Die im Vorfeld eines Experimentes definierten Workflows sind hierbei nicht zur Entwicklung einer neuen Forschungsmethode gedacht, indem Workflows nach einem Durchlauf verworfen oder grundlegend geändert werden. Vielmehr unterstützen die Workflows bei der Arbeit von sich zahlreich wiederholenden Abläufen durch verschiedene Wissenschaftler.

In Abbildung 4.7 erfolgt eine schematische Darstellung eines Workflows. Hierbei umfasst Workflow „1" drei Worksteps. Workstep „B" kapselt hierbei den Workflow „2". Der Workstep kann innerhalb des Workflows „1" wiederholt werden, während die Worksteps „A" und „C" nur einmal innerhalb des Workflows durchlaufen werden können. Die Parameter „p_1" und „p_2" am Workstep „A" sind Ausgabeparameter des Worksteps. Dies können z. B. am Workstep erfasste Messwerte sein. Der erfasste Wert des Parameters „p_1" ist in Form des Parameters „p_5" des Worksteps „C" ein Eingangsparameter. Diese Werte werden z. B. zur Berechnung eines Wertes innerhalb des Worksteps benötigt. Der Parameter „p_3" am Workstep „B" ist ein Steuerungsparameter, dessen konkreter Wert als Eingangsparameter im Workflow „2" Verwendung findet. Messwerte von Workflows können an hierarchisch übergeordnete Worksteps weitergegeben werden.

Zunächst bedarf es eines Werkzeugs, um Workflows für Experimente zu definieren. Bestandteile eines Workflows sind Worksteps, mit denen Aktionen definiert und bei denen entsprechende Parameter erfasst werden. Das Werkzeug ermöglicht daher bei der Erstellung von Workflows den Zugriff auf ein Repositorium von vorbereiteten Worksteps und Parametern. Durch eine vom Datenmanager zentral administrierte Verwaltung der Worksteps und Parameter wird ein unkontrolliertes Anwachsen der Workstep- und Parametermenge vermieden.

Mit einer Workflowengine werden die entworfenen Workflows zeitgleich mit der Durchführung eines Experimentes durch Wissenschaft-

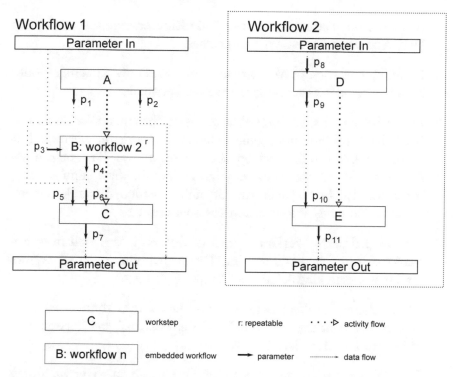

Abbildung 4.7: Schematische Darstellung eines Workflows

ler ausgeführt. Dabei werden die an einem Workstep definierten jeweiligen Daten erhoben und in einer Datenbank zur weiteren Verarbeitung gespeichert.

Wissenschaftler verschiedener Fachrichtungen benötigen für ihre jeweiligen Experimente einen eigenen Parameterraum. Um nicht für jedes Experiment ein eigenes Datenmodell zu entwickeln, wird ein generisches und flexibles Datenmodell benötigt. Die Anforderungen an dieses Modell lassen sich wie folgt zusammenfassen:

1. Für die Definition von Workflows ist zum einen ein Parameterraum mit je entsprechenden Wertebereichen zur Verfügung zu stellen. Zu einem Parameter gehören ggf. Einheiten. Weiterhin erfolgt die

Angabe eines Datentyps und ggf. die Eingrenzung des mit einem
Datentyp verknüpften Wertebereiches.

2. Parameter werden in Worksteps in der Rolle als Eingangs-, oder
   Ausgangs-, oder Steuerungsparameter verwendet.

3. Eine Abfolge verschiedener Worksteps ergibt einen Workflow, wobei jeder Workflow über genau einen Startworkstep verfügt. Für
   einen Workflow selbst erfolgt die Defintion von Parametern als
   Eingangs- oder Ausgangsparameter. Jeder Workflow kann auf eine
   wissenschaftliche Methode zurückgeführt werden, die im jeweiligen
   Fachbereich eines Wissenschaftlers anerkannt ist.

4. Einmal definierte Worksteps und Workflows lassen sich in weiteren Workflows wiederverwenden. Die Schachtelung von Workflows
   erfolgt in Form eines eigenständigen Worksteps.

5. Global definierte Wertebereiche von Parametern können bei einer
   lokalen Verwendung sowohl in Worksteps als auch bei Verwendung
   in Workflows überschrieben werden.

6. Jeder Workflow ist eine Verknüpfung von einem oder mehreren
   Worksteps. Hierbei kann ein Workstep entsprechend der Definition
   eines gerichteten azyklischen Graphen mehrere Nachfolger besitzen, jedoch höchstens einen Vorgänger. Diese Verknüpfung bildet
   den Kontrollfluss des Workflows.

7. Bei der Definition eines Workflows wird ein separater Datenfluß
   beschrieben. Hierbei werden bei Ausführung eines Workflows die
   Werte von Ausgangsparametern eines Worksteps an Eingangsparameter eines logisch folgenden Worksteps übertragen. Die Übertragung eines Wertes ist an mehrere Nachfolger möglich. Eine Über-
   nahme eines Wertes erfolgt jedoch von höchstens einem Vorgänger.

8. Die bei Ausführung eines Workflows an Worksteps mit Parametern
   erfassten Werte sind zu speichern. Eine Korrektur von Messwerten
   ist möglich, und wird nachvollziehbar dargestellt und vorgehalten.

9. Es ist zu protokollieren, wer wann welchen Workflow / Workstep ausführt, und welche Messwerte entsprechend an einem Parameter erfasst.

10. Änderungen und Besonderheiten im Ablauf eines Workflows sind auf der Ebene eines Workflows, Worksteps oder Parameters zu registrieren.

Das Datenschema in (H)ER-Notation für diese Datenerfassung findet sich in Abbildung 4.8.

Problematisch im Rahmen einer Datenanalyse sind die zahlreichen JOINS, die bei der Datenabfrage durchzuführen sind. Um einen konkreten Messwert mit seinem zugrundeliegendem Parameterinformationen als auch Workstep und Workflow zu erhalten, ist eine Verknüpfung von mindestens neun Relationen notwendig. Für eine größere Datenanalyse ist dies inperformant, sofern bei Abfragen auf auf die konkreten Messwerte zugegriffen wird.

Es erfolgt daher eine Betrachtung von Vorgehensweisen, wie eine Datenanalyse performant unterstützt werden kann.

Ein Trend in der Datenbanktechnik beschäftigt sich mit Technologien abseits der etablierten relationalen Datenbanksysteme. Stonebraker u. a. (2007) spricht von einem Ende der Ära relationaler Datenbanken, was sicher übertrieben ist. Dennoch muss sich die Frage gestellt werden, ob jede datenintensive Anwendung tatsächlich auf einer relationalen Datenbank basieren muss.

Aufbauend auf der Sichtendefinition, wie von Bienemann (2008) formalisiert, werden um die entwickelte Lösung zur Erfassung von Experimentaldaten weitere verschiedene Datenbanktechnologien zur Steigerung der Performance der Datenanalyse angedockt. Grundlegend ist anzumerken, dass hierbei auf eine permanente Konsistenz der Daten verzichtet wird. Ein nicht zu unterschätzendes Risiko ist weiterhin, dass jede unterschiedliche Datenbanktechnologie eine entsprechende Einarbeitung für einen Datenmanager erfordert. Inwieweit die relativ jungen Lösungen ebenfalls Support durch eine Firma bzw. Community bekommt, kann nicht vorhergesehen werden.

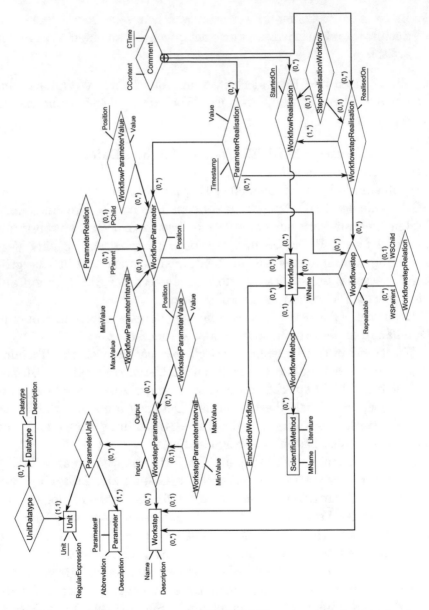

Abbildung 4.8: Datenschema in (H)ERM Notation für die workflowbasierte Datenerfassung

Eine Fragestellung in der Forschung und bei der Analyse von Oze-
andaten ist, welche Messwerte wurden in der Vergangenheit denn
schon an einer untersuchten Messstation durchgeführt, und lassen
sich somit ggf. mit den eigenen Messwerten verknüpfen? Wurde beobachtete Ergebnisse ebenfalls an anderen Messstationen gefunden?
Wie entwickelten sich diese? Eine solche Fragestellung kann als Graph
interpretiert werden, und mittels der Nutzung geeigneter Werkzeuge, z. B. der Graphdatenbank Neo4J [7], können diese Art von Fragen
performanter bei der reinen Abfrage im Vergleich zu relationalen Da-
tenbanksystemen beantwortet werden.

4.5 Technologien und Hypothesenräume im Data Mining

Ausgehend von den bei Wu u. a. (2007) betrachteten Algorithmen sei-
en nachfolgend einige Teilbereiche mit ihren Ideen skizziert. Es gibt
zahlreiche Algorithmen für die Datenanalyse, so dass dem Anspruch
einer vollständigen Betrachtung in dieser Arbeit nicht genüge getan
werden kann. Vielmehr wird eine Idee einer möglichen Systematisierung aufgezeigt.

Hilario, Kalousis u. a. (2009) und Hilario, Nguyen u. a. (2011) entwickelten basierend auf Rice (1976) ein Modell (siehe Abbildung 4.9),
um für einen Datensatz ein geeignetes Analyseverfahren auszuwählen.

In einem Problemraum $\mathcal{X}$ wird ein konkretes Problem x mit Hilfe von Eigenschaften eines Eigenschaftsraumes $\mathcal{F}$ beschrieben. Algorithmen aus dem Algorithmenraum $\mathcal{A}$ dienen zur Betrachtung des
Problems, wobei ein Algorithmus mit Eigenschaften aus einem eigenen Eigenschaftsraum $\mathcal{G}$ beschrieben wird. Der Performanceraum
$\mathcal{P}$ bietet Metriken zur Effizienzmessung einer Lösung nach Anwendung eines gewählten Algorithmus bei der Analyse. Somit wird die
Algorithmenauswahl für ein Problem wie folgt beschrieben:

Gegeben sei ein Problem $x \in \mathcal{X}$, welches mittels $f(x) \in \mathcal{F}$ beschrieben wird. Die Auswahl eines Algorithmus $a \in \mathcal{A}$, beschrieben durch

---

[7]http://www.neo4j.com

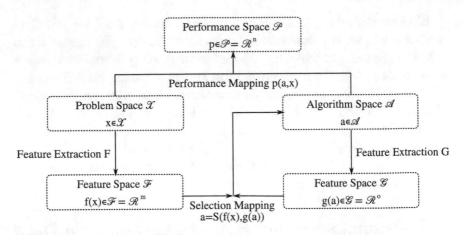

Abbildung 4.9: Modell zur Algorithmenauswahl nach Hilario, Nguyen u. a. (2011)

die Eigenschaften $g(a) \in \mathcal{G}$, erfolgt durch ein Mapping $S(f(x), g(a))$, so dass $p(a(x)) \in \mathcal{P}$ maximiert ist.

Die Zusammenfassung von Daten als auch eigentlicher Problemstellung bei Hilario, Nguyen u. a. (2011) zur Auswahl eines Algorithmus ist problembehaftet, da eine Problemstellung im DM nicht von den Daten allein abhängig ist. Ein weiterer Aspekt bei der Algorithmenauswahl bei Hilario, Nguyen u. a. (2011) sind die einzelnen Tasks innerhalb des DM Prozesses (Abschnitt 2.2). Problematisch ist, dass Algorithmen für verschiedene dieser Tasks eingesetzt werden. Eine Eigenschaft des Klassifikationsalgorithmus C4.5 ist, dass ein zu entwickelnder Entscheidungsbaum gleichzeitig gekürzt wird. Damit wird die angedachte Baumstruktur verletzt, da dieser Algorithmus sowohl den Tasks „ModellingTask" und „ModelProcessingTask" zugeordnet wird. Algorithmen können weiterhin für Aufgaben des „DataProcessingTask" eingesetzt werden, indem z. B. Clusterverfahren bei der Eliminierung von NULL-Werten (Luengo, García und Herrera (2012)) angewendet werden.

Ein Ansatz zur Systematisierung der Algorithmen erfolgt in dieser Arbeit durch eine Gegenüberstellung von Verfahren einerseits sowie

den zu analysierenden Daten und deren Lösung andererseits, wie in
Abbildung 4.10 zu sehen.

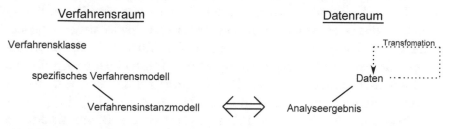

Abbildung 4.10: Modell zur Verfahrensauswahl

Es lassen sich zwei allgemeine Verfahrensklassen identifizieren. Zum
einen existiert die Verfahrensklasse der deskriptiven unsupervised
Verfahren, welche den analysierten Datensatz beschreiben und einen
„Ist-Zustand" der Daten darstellen. Diese Darstellung schließt ebenfalls Verfahren ein, die z. B. auf Grundlage von Vergleichen zwischen
Beobachtungen Zu- und Einordnungen in Gruppen vornehmen, und
somit eine Abhängigkeit in den Datensatz induzieren. Verfahren der
deskriptiven Verfahrensklasse wenden eine bekannte Funktion f auf
die Attribute $A_1, \ldots, A_n \in SC$ an, um eine Menge von neuen At-
tributen $\{A_{z_1}, \ldots, A_{z_m}\} \notin SC$ zu erzeugen, so gilt $f(A_1, \ldots, A_n) \rightarrow$
$(A_{z_1}, \ldots, A_{z_m})$. Für die Anwendung eines konkreten Verfahrens dieser
Verfahrensklasse ist die Angabe eines oder mehrerer gesondert zu be-
obachtender Attribute nicht notwendig. Clusterverfahren führen z. B.
entsprechende Gruppenbildungen von Beobachtungen in einem Datensatz durch, sofern die für die Verfahren notwendigen Bedingungen
für Nähe und Nachbarschaft durch einen Anwender spezifiziert sind.
    Das Ziel von Verfahren der prädiktiven supervised Verfahrensklasse
ist, ein Muster als Beschreibung für Abhängigkeiten zwischen Attributen von Beobachtungen und Zielattributen eines Datenschemas zu
erzeugen. D.h. Verfahren dieser Verfahrensklasse finden für eine Men-
ge von Attributen $A_1, \ldots, A_n, A_{z_1}, \ldots, A_{z_m} \in SC$ eine Funktion f, so
dass $f(A_1, \ldots, A_n) \rightarrow (A_{z_1}, \ldots, A_{z_m})$ erklärt ist. Diese Muster werden als allgemeingültige Aussage genutzt, um Aussagen für neue Be-
obachtungen zu tätigen. Basierend auf einer durch Clusterverfahren

gewonnenen Gruppenbildung lassen sich z. B. durch Klassifikationsverfahren die Gruppenzuordnung mit entsprechenden Eigenschaften
als Muster beschreiben. Werden neue Beobachtungen mit den Eigenschaften dieses Musters verglichen, kann eine solche neue Beobachtung einer Gruppe zugeordnet werden. Ein Muster als Funktionsbeschreibung von Abhängigkeiten zwischen (un)abhängigen Attributen
und einem Zielattribut ist das Resultat der Anwendung von spezifischen Verfahren, und kann auf verschiedene Art und Weise präsentiert werden. Ein Muster der Form „Baum" wird z. B. von konkreten
Verfahren C4.5 oder CHAID erzeugt.

Wie kann eine Abhängigkeit von Attributen $A_1, \ldots, A_n$ zu einem
Zielattribut A_z in einem Datenschema SC beschrieben werden? Zur
Auswahl für die Anwendung eines spezifischen Verfahrenmodelles stehen somit Verfahren der Verfahrensklasse, welche ein Muster der
Form $f(A_1, \ldots, A_n) \rightarrow A_z$ liefern. Über die Form der beschreibenden Funktion f, sowie deren Vor- und Nachbedingungen ist zunächst
nichts bekannt. Für die gegebene Fragestellung liefern z. B. Verfahren
der Klassifikation oder Regression eine Antwort. Beiden Verfahren
ist gemein, dass ein Zielattribut $A_z \in SC$ existiert, dessen Abhängigkeit von den Attributen $A_1, \ldots, A_n \in SC$ des Datenschemas SC
zu beschreiben ist. Die angenommene Abhängigkeit $f(A_1, \ldots, A_n)$
lässt sich z. B. als mathematische Formel oder durch einfache Ent-
scheidungsregeln formulieren. Dem gegenüber steht ein Datensatz
DS mit Attributen und Werten. Handelt es sich bei den Attributen $A_1, \ldots, A_n, A_z \in DS$ des Datensatzes um rein metrisch skalierte
Attribute, so lassen sich Verfahren des spezifischen Verfahrensmodelles Regression anwenden. Liegen nominal skalierte Attribute vor, so
lassen sich Verfahren des spezifischen Verfahrensmodelles Klassifikation z. B. in Form von Entscheidungsbaumalgorithmen anwenden, um
ein Muster als Antwort passend zur Fragestellung zu erhalten.

Eine weitere Rolle bei der Auswahl einer konkreten Verfahrensinstanz spielen die Skalen sowie die Anzahl und Verteilungen der Ausprägungen eines Attributes entsprechend der Rolle als abhängiges
bzw. unabhängiges Attribut im Datensatz selbst. Die unterschiedli-

che Berücksichtigung von Qualitätsmerkmalen der Attribute durch konkrete Verfahren wirkt sich auf die Güte eines Musters aus.

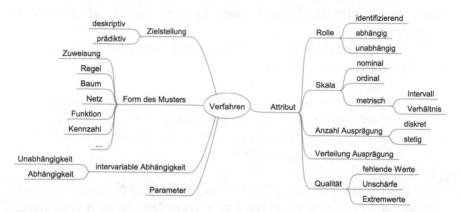

Abbildung 4.11: Charakterisierung von Verfahren

In Abbildung 4.11 findet sich eine Übersicht über eine allgemeine Systematisierung von Verfahren. Eine genauere Betrachtung ausgewählter spezifischer Verfahrensmodelle sowie Beispielen zugehöriger Verfahrensinstanzen erfolgt nachfolgend.

4.5.1 Abhängigkeitsinduzierende Verfahren

In diesem Abschnitt werden beispielhaft Verfahrensinstanzen einiger spezifischer Verfahrensmodelle der Verfahrensklasse abhängigkeitsinduzierender Verfahren vorgestellt.

Assoziationsanalyse Die Assoziationsanalyse als spezifisches Verfahrensmodell der abhängigkeitsinduzierenden Verfahrensklasse definiert sich nach Han und Kamber (2006) wie folgt:

> Finding frequent patterns, associations, correlations, or causal structures among sets of items or objects in transactional databases, relational databases, and other information repositories.

Eine Assoziation wird als ein häufiges gemeinsames Vorkommen
von Objekten innerhalb einer transaktionalen Datenmenge angesehen. Jede Transaktion bündelt eine Menge von darin vorkommenden
Objekten.

Tan, Steinbach und Kumar (2006) formalisieren das Verfahrensmodell Assoziationsanalyse mit:

> Given a set of transactions $\mathcal{T}$, find all the rules having
> support $sup \geq sup_{min}$ and confidence $conf \geq conf_{min}$,
> where sup_{min} and $conf_{min}$ are the corresponding support
> and confidence thresholds.

In den gegebenen Definitionen wird von Transaktionen und Objekten gesprochen. Diese Form impliziert einen konkreten Anwendungsfall der Assoziationsanalyse. In dieser Arbeit wird eine Transaktion
als eine Beobachtung aufgefasst. Die in einer Transaktion gebündel-
ten Objekte stellen die Attribute dar, durch die eine Beobachtung
charakterisiert wird.

Die Darstellung von Beobachtungen B und der Menge zugehöriger
Attribute A kann in relationaler Form, wie in Tabelle 3.2 erfolgen.
Bei der relationalen Darstellung wird eine geeignete Kodierung für
Präsenz bzw. Absenz eines Attributes in einer Beobachtung gewählt,
z. B. gilt für alle Attribute $dom(A) = \{0, 1\}$.

Weiterhin existieren horizontale und vertikale Darstellungen (u.a.
Mohammed J Zaki u. a. (1997)). Die horizontale Darstellung ver-
knüpft jede Beobachtung mit der Menge der sie charakterisieren-
den Attribute, während die vertikale Darstellung jedem Attribut eine
Menge von Beobachtungen zuordnet.

Es sei eine Menge von Attributen A gegeben. Jede identifizierbare
Beobachtung in einem Datensatz $b_{id} \in DS$ wird durch diese Menge
von Attributen A und einem Identifier id charakterisiert. Eine Charakterisierung einer Beobachtung $b_{id} \in DS$ durch ein Attribut $A_i \in A$
erfolgt, wenn gilt: $A_i(b_{id}) = 1$, andererseits gilt $A_i(b_{id}) = 0$.

Ziel der Assoziationsanalyse ist es zunächst, eine Menge von Implikationen $\mathcal{I}$ basierend auf der Attributmenge A zu identifizieren. Eine

Implikation I besteht aus einer Prämisse P und einer Konsequenz K der Form $P \Rightarrow K$. Hierbei gilt, dass $P \subset A, K \subset A, P \cap K = \emptyset$. Eine Beobachtung $b_{id} \in DS$ erfüllt die Implikation $I : P \Rightarrow K$ genau dann, wenn alle Attribute der Implikation $(P \cup K)$ charakterisierend für die betrachtete Beobachtung b_{id} sind, d.h. $\forall A_i \in (P \cup K) : A_i(b_{id}) = 1$.

Die Mächtigkeit $k(A)$ einer Menge von Attributen A lässt sich mit $k(A) = |A|, k \in \mathcal{N}$ bestimmen. Eine Attributmenge der Mächtigkeit k wird mit $|A|_k$ angegeben.

Für eine Bewertung einer gefundenen Implikation I wird ein Maß für die Bestimmung der Häufigkeit der Attributmenge der Implikation $P \cup K$, sowie ein Maß zur Bestimmung des Verhältnisses der zwei Attributmengen P, K benötigt.

Der Support $sup(A)$ einer Menge von Attributen A spiegelt die relative Häufigkeit der Menge $h(A)$ im betrachteten Datensatz DS wider, und wird bestimmt durch

$$sup(A) = h(A) = \frac{|\{b_{id} \in DS | \forall A_i \in A : A_i(b_{id}) = 1\}|}{|DS|}.$$

Somit gibt der Support einer Implikation $I : P \Rightarrow K$ die relative Häufigkeit der Attributmenge $h(P \cup K)$ im betrachteten Datensatz DS an, und wird definiert als

$$sup(P \Rightarrow K) = h(P \cup K) = \frac{|\{b_{id} \in DS | \forall A_i \in (P \cup K) : A_i(b_{id}) = 1\}|}{|DS|}.$$

Mittels eines Schwellwertes für den Support sup_{min} wird die Wichtigkeit einer Attributmenge abgegrenzt. Gilt für den Support einer Menge von Attributen $sup(A) \geq sup_{min}$, wird von einer *frequenten Attributmenge* FA gesprochen. Die Menge aller frequenten Attributmengen sei mit $\mathcal{FA}$ bezeichnet.

Ein Maß, um das Verhältnis zwischen zwei Attributmengen P und K einer Implikation I zu bestimmen, ist die Konfidenz $conf(I)$. Sie ist definiert als das Verhältnis der relativen Häufigkeit der gesamten Attributmenge einer Implikation $h(P \cup K)$ zur relativen Häufigkeit der Prämisse $h(P)$ im betrachteten Datensatz DS, und wird bestimmt mit $conf(I) = h(K|P) = \frac{|\{b_{id} \in DS | \forall A_i \in (P \cup K) : A_i(b_{id}) = 1\}|}{|\{b_{id} \in DS | \forall A_i \in P : A_i(b_{id}) = 1\}|} = \frac{sup(P \Rightarrow K)}{sup(P)}$.

Ein Anwender definiert ebenfalls einen Schwellwert für die Konfidenz

einer Implikation $conf_{min}$, um die Menge der erzeugten Implikationen einzugrenzen.
Beide Maßzahlen sind relative Maße, so dass gilt:

$sup(A), conf(I) \in [0, 1]$.

Supportorientierte Verfahren setzen eine Gleichverteilung der Attribute der Attributmenge A voraus. Unterliegt das Vorkommen eines Attributes einem Potenzgesetz, so filtern supportorientierte Verfahren die selten vorkommenden Attribute heraus, obwohl ggf. aus diesen infrequenten Attributmengen interessante Implikationen generiert werden können.

Zur Vermeidung dieses Problems wurden eine Vielzahl weiterer Qualitätskriterien definiert. Eine Übersicht liefern Tan, Kumar und Srivastava (2004) und Geng und Hamilton (2006). Sämtliche Maße zur Bewertung einer Regel basieren auf statistischen Analysen, mithin Kontingenztabellen.

Eine Vorstellung von konkreten Verfahren dieser Klasse erfolgt in Abschnitt A.1.

Ausgehend von der Definition des Datenanalyse-Raums in Abbildung 3.5 lassen sich die Algorithmen „Apriori" und „FP-Growth" als Beispielalgorithmen der Assoziationsanalyse als Verfahren der abhängigkeitsinduzierenden Verfahrensklasse wie folgt charakterisieren:

Wissensraum (α): Eine Untersuchung der Beobachtungen erfolgt mit dem Wissen, dass Merkmale einer Beobachtung bzw. zu einem Zeitpunkt beobachtete Attribute gemeinsam präsent sind. Jedes Attribut besitzt die selbe Wahrscheinlichkeit des Auftretens in einer Beobachtung.

Datenraum (β): Ein Datensatz für die Analyse enthält neben einem Identifikator zur Bestimmung einer Beobachtung eine nominalskalierte Attributmenge mit einem binären Wertebereich, zur Kennzeichnung von Präsenz und Absenz. Im Fokus steht die Präsenz eines Attributes in einer Beobachtung. Quantitative und weitere qualitative Domänen für Attribute werden vernachlässigt.

Konzeptraum (γ): Regeln werden auf der Grundlage der Häufigkeit eines Attributes innerhalb eines Datensatzes gebildet. Beziehungen zwischen Häufigkeiten einer Attributmenge werden über verschiedene Maße durch den Anwender festgelegt.

Annahmenraum (δ): Es gilt die Annahme, dass Attribute in Beobachtungen hinreichend oft gemeinsam auftreten.

Analysealgorithmen (ε): Apriori und FP-Groth sind hinsichtlich der Ergebnismenge identisch. Ein Unterschied besteht hinsichtlich der Laufzeit bei der Ermittlung der Häufigkeiten der Attributmengen.

Akzeptanzkriterium (ζ): Die gefundenen Implikationen entsprechen den Vorgaben an Mindestsupport und Mindestkonfidenz bzw. alternativer Maße durch den Nutzer.

Aus einer frequenten Attributmenge FA kann eine Vielzahl relevanter und auch redundanter Implikationen generiert werden, wie anhand von Beispiel 4 zu sehen.

Die Menge der frequenten Attributmengen $\mathcal{FA}$ lässt sich auf „maximale" und „geschlossene" frequente Attributmengen reduzieren.

Die Menge der maximal frequenten Attributmengen $\mathcal{MFA}$ beinhaltet nach Mohammed J. Zaki und Hsiao (2005) frequente Attributmengen, die selbst keine weitere frequente Obermenge besitzen. Es gilt somit für jede maximal frequente Attributmenge

$$\forall FA \in \mathcal{MFA} : \nexists FA' \in \mathcal{FA} \to FA \subset FA'.$$

Nach Mohammed J. Zaki und Hsiao (2005) beinhaltet die Menge der geschlossenen frequenten Attributmengen $\mathcal{CFA}$ frequente Attributmengen, für die keine frequente Attributmenge mit identischem Support existiert. Es gilt somit für jede geschlossene frequente Attributmenge

$$\forall FA \in \mathcal{CFA} : \nexists FA' \in \mathcal{FA} \to FA \subset FA' \land sup(FA) = sup(FA').$$

Die Mengen stehen in folgender Beziehung zueinander:

$$\mathcal{MFA} \subseteq \mathcal{CFA} \subseteq \mathcal{FA}.$$

Die bisher vorgestellten Algorithmen arbeiten mit Attributen einer binären Domain. Für die Arbeit mit polynomialen oder metrischen Attributen zeigen Ramakrishnan Srikant und Rakesh Agrawal (1996) Ansätze für die Transformation auf.

Metrische Attribute werden in ordinalskalierte Attribute transformiert. Hierfür werden die originalen Werte eines Attributes in definierte nicht überlappende Intervalle eingeordnet. Eine solche Abstraktion eines Attributwertes ist mit einem nachfolgendem Informationsverlust behaftet, sofern das originale Attribut anschließend aus dem Datensatz entfernt wird.

Ein nativer Ansatz polynomiale bzw. ordinale Attribute bei der Erzeugung von Implikationen zu verwenden, ist die Binarisierung der Attribute. Dies führt zu einem Anwachsen der zu analysierenden Datenmenge und damit zu dünn besetzten Matrizen. Eine weitere Möglichkeit besteht darin, die Algorithmen nicht nur die reine Präsenz eines Attributes in einer Beobachtung betrachten zu lassen, sondern eine entsprechende Ausprägung eines Attributes zu verarbeiten.

Eine Herausforderung bei der Generierung von Regeln ist die Beachtung von Hierarchien. Durch Attribute symbolisierte Objekte einer Beobachtung können in Hierarchien organisiert werden, wie sie z. B. Taxonomien in der Biologie abbilden. Hierarchien sind als ein Direkter azyklischer Graph (DAG) aufgebaut. Objekte sind über eindeutige Pfade von der Wurzel zu erreichen. Ramakrishnan Srikant und Rakesh Agrawal (1995) zeigen Algorithmen auf, die entsprechende Hierarchien berücksichtigen. Die Algorithmen beschränken sich wiederum auf die Präsenz eines Objektes bzw. einer höheren Hierarchiestufe in einer Beobachtung. Mehrere verschiedene Objekte einer Hierarchiestufe in einer Beobachtung werden hierbei auf genau diese eine Hierarchiestufe reduziert. Zur Vermeidung redundanter Implikationen erfolgt die Erweiterung der Fragestellung dahingehend, dass nach generalisierenden Implikationen gesucht wird.

Eine Systematik über deskriptive unsupervised Verfahren der Assoziationsanalyse ist in Abbildung 4.12 zu finden. Gefundene Muster werden als Regel präsentiert. Zu beachten ist, dass sämtliche Verfahren auf nominalen Attributen arbeiten, deren Domain auf Absenz bzw. Präsenz begrenzt ist. Anders skalierte Attribute eines Datensatzes sind im Vorfeld zu transformieren. Aussagekräftige Regeln erhält ein Anwender bei gleichverteilten Ausprägungen aller Attribute. Grundannahme für die Anwendung der Assoziationsanalyse besteht

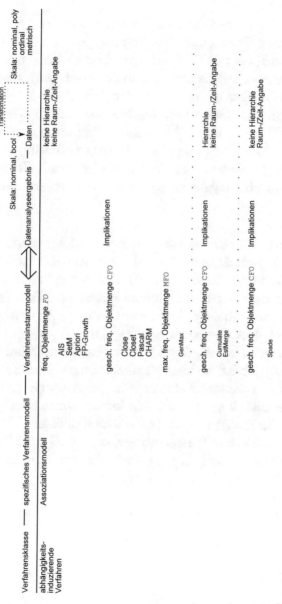

Abbildung 4.12: Systematik deskriptiver unsupervised Verfahren der Assoziationsanalyse

in der Unabhängigkeit der Attribute voneinander, sofern keine explizit angegebene Taxonomie eine Abhängigkeit beschreibt. Ein fehlender Wert wird von den Verfahren als Absenz interpretiert.

Implikationen, welche aus maximalen oder geschlossenen frequenten Attributmengen gewonnen werden, lassen sich für eine Klassenbildung nutzen. Hierbei werden den Beobachtungen Klassen $c_1, \ldots, c_n$ zugeordnet, für die eine oder mehrere Implikationen zutreffen. Ein Datensatz, welcher mit einem oder mehreren Attributen für die Klassenzuordnung erweitert wurde, kann nachfolgend mit entsprechenden Verfahren der abhängigkeitsbeschreibenden Verfahren analysiert werden.

Gruppierung Die Bildung von Gruppen erfolgt durch Verfahren der abhängigkeitsinduzierenden Verfahrensklasse. Durch die Anwendung einer Funktion zur Messung von Ähnlichkeiten bzw. Unähnlichkeiten werden Beobachtungen in Gruppen eingeteilt. Diese Funktion induziert somit eine Abhängigkeit zwischen den Attributen einer Beobachtung und einer Gruppenzugehörigkeit.

Die Begriffe *Ähnlichkeit* und *Unterschied* bezeichnen eine Relation in der zwei oder mehrere Beobachtungen hinsichtlich bestimmter Merkmale zueinander stehen. Für die Aussage, ob sich Beobachtungen hinsichtlich bestimmter Merkmale ähneln oder unterscheiden, werden die Maßzahlen *Nähe* und *Abstand* definiert.

Die *Nähe* zwischen Beobachtungen $x, y \in B$ wird über eine Ähnlichkeitsfunktion s nach $\mathbb{R}$ bestimmt. Für die Funktion s gelten die Axiome:

1. $s(x,y) = s(y,x)$ für alle $x, y \in B$

2. $s(x,y) \geq 0$ für alle $x, y \in B$

3. $s(x,y) \leq s(x,x)$ für alle $x, y \in B$

4. $s(x,x) = 1$ für alle $x, y \in B$

Der *Abstand* zwischen Beobachtungen $x, y \in B$ wird über eine Distanzfunktion d bestimmt. Für die Funktion $d(x, y)$ nach $\mathbb{R}$ gelten die Axiome:

1. $d(x, y) = d(y, x)$ für alle $x, y \in B$

2. $d(x, y) \geq 0$ für alle $x, y \in B$

3. $d(x, x) = 0$ für alle $x, y \in B$

Es kann festgehalten werden, dass bei Gültigkeit von $d(x, y) = 0$ nicht gefolgert werden kann, dass $x = y$. Verschiedene Beobachtungen können hinsichtlich ihrer Merkmalsausprägungen identisch sein, so dass der Abstand gering ist, und sie sich ähnlich sind. Um diese Funktionen bei der Analyse verwenden zu können, müssen die Axiome für eine Metrik genutzt werden. Daher ist zusätzlich festzuhalten, dass $d(x, z) \leq d(x, y) + d(y, z)$ für alle $x, y, z \in B$ gilt.

Um eine konkrete Verfahrensinstanz für das spezifische Verfahrensmodell Gruppierung zu wählen, ist daher die Betrachtung der Daten und die Definition des Abstandsmaßes ausschlaggebend.

Die spezifischen Verfahrensmodelle der Gruppierung unterscheiden sich hinsichtlich dreier Kriterien: *Gruppenstruktur, Clusterdefinition* und *Clusterbeschreibung*. Die Anwendung der Verfahren strukturiert eine Menge von Beobachtungen in Hierarchien, Partitionen oder Single Cluster. Die Definition von Gruppen erfolgt aufgrund einer guten Separation der Beobachtungen voneinander, der Ähnlichkeit von Beobachtungen zu einem Prototyp, einer entsprechenden Dichte von Gruppen von Beobachtungen, oder lassen sich mittels eines Graphen erzeugen, indem die die Menge der Beobachtungen bis zu den einzelnen Beobachtungen aufgesplittet wird, bzw. vice versa. Entsprechend erfolgt die Beschreibung der ermittelten Gruppen anhand eines Prototyps, die einzelnen Beobachtungen werden mit einer Tendenz zu einer Gruppenzugehörigkeit angereichert, oder es werden die Gruppen anhand eines Konzeptes basierend auf den analysierten Beobachtungen beschrieben. Daraus ergibt sich die Spezifikation der Verfahrensinstanzmodelle im Clustering das Modell in Abbildung 4.13.

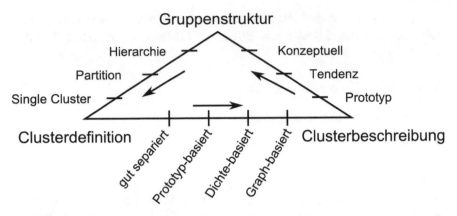

Abbildung 4.13: Charakterisierung der Verfahrensinstanzmodelle von Clusterverfahren

Weiterhin ist nicht jede Menge von Beobachtungen für die Anwendung eines abhängigkeitsinduzierenden Verfahrens durch Gruppierung geeignet. Eine Abschätzung, ob eine sinnvolle Gruppierung der Beobachtungen durchgeführt werden kann, bietet z. B. die Anwendung des Hopkins Index. Einen Anhaltspunkt für den Parameterwert bei Verfahren mit einer Prototyp-basierten Clusterdefinition liefert z. B. das Cubic Clustering Criterion. Die Systematisierung der Algorithmen angewendet auf die Clusterverfahren ergibt das Modell in Abbildung 4.14.

Ausgehend von der Definition des Datenanalyse-Raums in Abbildung 3.5 lassen sich die Algorithmen der Gruppierung als Verfahren der abhängigkeitsinduzierenden Verfahrensklasse wie folgt charakterisieren:

Wissensraum (α): Eine Untersuchung der Beobachtungen erfolgt mit dem Wissen, dass Beobachtungen hinsichtlich ihrer Ausprägungen der Merkmale ähnlich.

Datenraum (β): Ein Datensatz für die Analyse enthält neben einem Identifikator zur Bestimmung einer Beobachtung mit Merkmalsausprägungen, welche einer quantitativen oder qualitativen Domäne

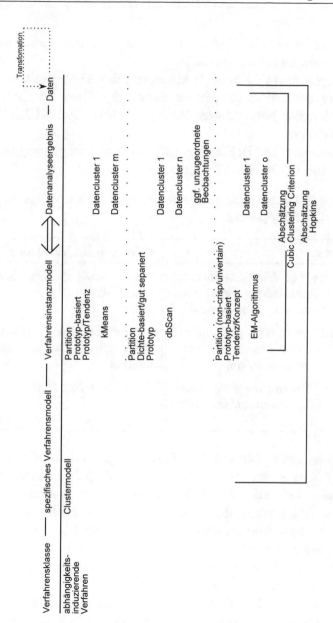

Abbildung 4.14: Systematik deskriptiver unsupervised Verfahren des Clustering

angehören. Je nach Wahl einer konkreten Verfahrensinstanz sind Ausreißer in den Daten zu vermeiden.

Konzeptraum (γ): Für die Bestimmung der Ähnlichkeit ist die Wahl einer konkreten Distanzfunktion notwendig. Diese ist abhängig von den Skalen der betrachteten Merkmale. Ggf. sind NULL-Werte zu berücksichtigen.

Annahmenraum (δ): Für Algorithmen der Gruppierung ist der Annahmeraum in Tabelle 4.6 aufgezeigt.

Tabelle 4.6: Charakteristik des Annahmeraumes von Verfahren der Gruppierung

Annahmen	Behebung bei Verletzung
Teilräume zur Charakterisierung nutzbar, zusätzlich: Separation über Hyperebene, Abstandsmaß	Modellierung der Hypothesen, „flexible" Maße
X relativ fehlerarm, gut (ausreichend) charakterisierend sowie zeitinvariant, rauminvariant	Datenmanagement (Umgebung), dünne/dicke Daten, Zeitreihenanalyse
R^p über p Parameter, wobei einige mittelbar, irrelevant, „übergewichtig"	Synergetik-Verfahren

Analysealgorithmen (ε): Die Analysealgorithmen bilden Gruppierungen aufgrund der Beobachtungen, welche jedoch keineswegs identisch sind. Während z. B. die Verfahrensinstanz „k-means" eine vollständige Gruppierung durchführt, werden Beobachtungen bei „DB Scan", welche keiner ermittelten Gruppierungen zugeordnet werden können, entsprechend zusammengefasst. Somit kann das Verfahren „DB Scan" auch als Suchverfahren von Ausreißern innerhalb eines Datensatzes verwendet werden.

Akzeptanzkriterium (ζ): Die Beobachtungen innerhalb der gefundenen Gruppierungen sind sich hinreichend ähnlich, und im Vergleich zu anderen Gruppierungen entsprechend unähnlich. Dies basiert auf den gewählten Distanzfunktion.

Zusammenfassend lassen sich Stärken und Schwächen, Gewinne und Risiken des spezifischen Verfahrensmodelles Gruppierung wie in Tabelle 4.7 zusammenfassen:

Tabelle 4.7: Stärken und Schwächen von Verfahren der Gruppierung

Stärken	Blind Search (ggf. angereichert, vorherige Visualisierung/Inspektion), Abstraktion/Raumtransformation anhand Cluster (Generalisierung, Hypothesenbildung)
Schwächen	Charakterisierung syntaktisch, nicht alle Parameter gleichgewichtig, treibende Parameter, Guides zur Auswahl des geeigneten Verfahrens -¿ Disziplinwissen, Korrelation, Separation, z. B. Regression =¿ Modellierung der Analysevermutungen
Chancen	gute separierbare abgegrenzte Cluster führen zu guter Klassifikation −¿ Clustering als Ausgangspunkt für nachfolgende Datenanalyse / DM-Verfahren
Risiken	Interpretation, Inspektion begrenzt auf wenige Parameter -¿ Ableitung von Entscheidungsregeln

4.5.2 Abhängigkeitsbeschreibende Verfahren

Konkrete Verfahren der abhängigkeitsbeschreibende Verfahrensklasse erzeugen eine Funktion $f(A_1, \ldots, A_n) \to A_z, A_1, \ldots A_n, A_z \in DS$.

Ein „Baum" als Funktion bildet eine Form der Beschreibung von Abhängigkeiten zwischen unabhängigen Attributen und einem Zielattribut eines Datensatzes. Verfahren mit dem Ziel einer Funktionsbeschreibung „Baum" folgen einem Top-Down-Ansatz, indem ein Baum rekursiv auf Grundlage der Attribute und deren Wertebereiche eines Datenschemas SC mit Validierung auf einem zugehörigen Datensatz DS gebildet wird. Jeder Knoten N eines solchen Baumes repräsentiert hierbei ein unabhängiges Attribut $A_i \in \{A_1, \ldots, A_n\}$. Jeder Zweig ausgehend von einem Knoten N wird mit einer Bedingung $A_i \phi v, v \in dom(A_i)$ versehen. Ein Blatt L des Baumes bildet das Zielattribut mit einem Zielwert $A_z = c, c \in dom(A_z)$ ab. Die Auswertung eines Pfades von der Wurzel zu einem Blatt bildet eine Funktion, mit der für eine Beobachtung $f(b) \to c$ eine Entscheidung für einen Wert des Zielattributes gefunden wird. Diese Entscheidung im Blatt kann als eine Konstante oder als Wahrscheinlichkeit für eine Wertzuweisung aufgefasst werden.

Eine Validierung der Funktion f erfolgt auf einem Datensatz DS. Ziel ist, dass nach Ausführung der mit der Funktion f verbundenen Bedingungen ein Teildatensatz DS_i entsteht, indem alle Beobachtungen denselben Zielwert des Zielattributes aufweisen. Somit gilt: $\forall b \in DS_i : A_z(b) = c$.

Die Konstruktion eines Baumes verläuft nach dem folgendem Grundalgorithmus.

1. Wähle ein bestmögliches Splitattribut als Knoten für den Baum

2. Bilde die Zweige im Baum und entsprechend die Teildatensätze nach Validierung auf dem Datensatz

3. Wiederhole die Knotenkonstruktion, Partitionierung der Datensätze

4. Stoppe, sobald für den (Teil-)Datensatz gilt, dass alle darin enthaltenen Beobachtungen denselben Zielwert aufweisen, oder aber keine weiteren Attribute für eine Knotenkonstruktion zur Verfügung stehen

5. Pruning des konstruierten Baumes zur Größenreduktion

Die Schritte der Verfahren bei der Wahl des bestmöglichen Splitattributes setzen ein Maß für die Beurteilung voraus, wann ein Attribut A_i für den zu erzeugenden Baum und das Partitionieren eines Datensatzes relevanter ist, als ein Attribut A_j.

Eine Möglichkeit besteht im Rückgriff auf der Messung der Entropie eines Attributes als Basismaß. Maße hierfür sind „Information Gain" und „Gain ratio".

Betrachtet werde im Folgenden ein nominal skaliertes Zielattribut A_z. Der Wertebereich $dom(A_z)$ ist endlich abzählbar und symbolisiert die Zuordnung einer Beobachtung b zu einer Klasse mit $A_z(b) = c_i, c_i \in dom(A_z)$.

Das Maß „Information Gain" gibt den Zugewinn der Menge an Information durch ein Splitten eines Datensatzes an einem Attribut an. Durch die Wahl des Attributes mit dem höchsten Information Gain als Splitattribut wird die notwendige nachträgliche Menge an Information zur genaueren Beschreibung einer Abhängigkeit zwischen Attributen und dem Zielattribut minimiert.

Die Menge an notwendiger Information, um für eine Beobachtung in einem Datensatz die Entscheidung für einen Zielwert eines Zielattributes anzugeben, wird bestimmt mit:

$$Info(DS) = -\sum_{i=1}^{m} p_i log_2(p_i)$$

Hierbei gibt p_i die Wahrscheinlichkeit an, dass eine Beobachtung b im Datensatz DS einer Klasse c_i zugeordnet wird. Es gilt $p_i = |b \in DS|A_z(b) = c_i|/|DS|$ und $m = |dom(A_z)|$. $Info(DS)$ gibt somit die durchschnittliche Menge an Information für die Zuordnung einer Beobachtung zu einem Attributwert in einem Datensatz an.

Bei Auswertung eines Baumes wird entsprechend der Bedingungen der Knoten ein Datensatz DS in Partitionen $DS_1, \ldots, DS_n$ gesplittet. Da das Ziel $\forall b \in DS_i : A_z(b) = c$ nach einem Split nicht erreicht werden muss, ist ggf. ein weiterer Split notwendig. Dieser weitere Split benötigt entsprechend weitere Information, um das Ziel zu erreichen.

Die Messung weiterer benötigter Information erfolgt mit:

$$Info_{A_i}(DS) = \sum_{j=1}^{v} \frac{|DS_j|}{|DS|} * Info(DS_j)$$

$Info_A(DS)$ spiegelt somit die erwartete benötigte Menge an Information wider, welche für einen Split eines Datensatzes DS an einem Attribut A_i mit der Bedingung $A_i(b) = j$ aufgewendet werden muss. Je kleiner die Menge an zusätzlicher Information für einen Split an einem Attribut ist, desto sauberer ist die erreichte Partition hinsichtlich des Zieles.

Somit ergibt sich das Maß „Information Gain" als die Differenz zwischen der notwendigen Menge an Information für eine Bestimmung eines Zielwertes und der Menge an zusätzlich erwarteter benötigter Information durch einen Split eines Datensatzes.

$$Gain(A_i) = Info(DS) - Info_{A_i}(DS)$$

Das Maß $Gain(A_i)$ zeigt somit an, wieviel Information gewonnen wird, wenn ein Datensatz am Attribut A_i gesplittet wird. Durch die Wahl des Attributes mit dem höchsten Informationsgewinn als Knoten für den Baum wird die Menge an zusätzlich benötigter Menge an Information nach einer Anwendung für eine weitere Bestimmung des Zielwertes verringert.

Ein Nachteil des Maßes „Information Gain" ist, dass bei der Wahl eines Splitattributes, Attribute mit einer hohen Kardinalität des Wertebereiches bevorzugt werden. Bei der Wahl des Identifiers A_{id} als ein mögliches Splitattribut würde bei der Validierung am Datensatz in einer Vielzahl von Partitionen münden, in welcher je eine Beobachtung enthalten ist. Diese Partition sind hinsichtlich des Zieles natürlich sauber, die benötigte Menge an zusätzlicher Information ist $Info_{A_{id}}(DS) = 0$ und somit ist $Gain(A_{id})$ maximal. Allerdings ist die Wahl des Identifiers eines Datensatzes für die Bestimmung eines Zielwertes nicht sinnvoll.

Das Maß „Gain ratio" versucht, den Nachteil der zu hohen Gewichtung von Attributen mit einer hohen Kardinalität des Wertebereiches auszugleichen, indem eine Normalisierung mittels der „Splitinformation" des Attributes durchgeführt wird. Diese definiert sich über:

$$SplitInfo(A_i) = - \sum_{j=1}^{v} \frac{|DS_j|}{|DS|} * log_2(\frac{|DS_j|}{|DS|})$$

$SplitInfo(A_i)$ beziffert die potentielle Information eines Splits des Datensatzes DS an einem Attribut A_i in v Partitionen, d.h. es wird für jeden entstehenden Zweig eines Baumes und somit entstehende

Partition eines Datensatzes das Verhältnis zwischen der Größe des Ausgangsdatensatzes DS und der entstehenden Partition DS_j berücksichtigt.

Somit wird das Maß „Gain ratio" definiert als

$$GainRatio(A_i) = \frac{Gain(A_i)}{SplitInfo(A_i)}$$

Das Attribut mit dem höchsten Wert für das Maß „Gain ratio" wird als Splitattribut gewählt. Bei der Berechnung muss sichergestellt sein, dass $SplitInfo(A_i) \neq 0$.

Während die genannten Maße eine Beurteilung eines Splitattributes auf Grundlage eines Informationsgewinns bilden, besteht ein weiterer Ansatz darin, die „Reinheit" der entstehenden Partitionen nach einem Split hinsichtlich der Zielstellung zu messen.

Eine Möglichkeit hierfür ist das Maß „Gini index". Er wird berechnet mit:

$$Gini(DS) = 1 - \sum_{i=1}^{v} p_i^2$$

Für ein diskretes Attribut A mit dem Wertebereich $dom(A) = \{a_1, a_2, \ldots, a_v\}$ existieren 2^v mögliche Teilmengen. Allerdings wird die vollständige Obermenge aller Werte und die leere Menge nicht als möglicher Splitwert betrachtet, so dass sich $2^v - 2$ mögliche Splits für ein diskretes Attribut ergeben.

Ein binärer Split an einem Attribut A_i teilt den Datensatz DS in die Partitionen DS_1 und DS_2. Somit lässt sich der „Gini index" berechnen mit

$$Gini_{A_i}(DS) = \frac{|DS_1|}{|DS|}Gini(DS_1) + \frac{|DS_2|}{|DS|}Gini(DS_2)$$

Für jedes infrage kommende Splitattribut werden die Indizes für die möglichen Teilmengen des Wertebereiches berechnet, und die Teilmenge mit dem kleinsten Index wird als Bedingung für das betrachtete Attribut gewählt.

Die Reduktion der „Unreinheit" in einem Datensatz DS durch den Split an einem Attribut A_i wird bestimmt durch:

$$\Delta Gini(A_i) = Gini(DS) - Gini_{A_i}(DS)$$

Als Splitattribut mit dem entsprechenden Splitkriterium wird letztlich das Attribut A_i gewählt, welches die größte Reduktion der „Unreinheit" im Datensatz ermöglicht.

Bisher wurden diskrete Attribute als Attribute in einem zu analysierenden Datensatz berücksichtigt. Handelt es sich bei einem unabhängigen Attribut A_i um ein stetiges Attribut, so lassen sich binäre Bedingungen für einen Split, und damit letztlich Intervallgrenzen, als die Wahl des Mittelpunktes zweier benachbarter Werte im Wertebereich des Attributes formulieren.

Problematisch bei der Anwendung von konkreten Verfahren, welche einen Baum als Zielfunktion ermitteln, sind:

- Fehlende Werte in den betrachteten Beobachtungen spielen bei Baumverfahren keine Rolle. Fehlende Werte werden als ein eigener möglicher Wert aufgefasst.

- Die Beschreibungen für ein Zielattribut erfolgt anhand bestehender Beobachtungen. Eine ungleichmäßige Verteilung der Zielwerte führt zu einer fehlerhaften Beschreibung.

- Überlappende Bereiche bei den Zielwerten führen zu ungenauen Beschreibungen.

Für Verfahren dieses spezifischen Verfahrensmodelles werden folgende Annahmen und Behebungsmöglichkeiten bei Verletzung (siehe Tabelle 4.8) getroffen:

Es lassen sich Stärken und Schwächen, Chancen und Risiken des spezifischen Verfahrensmodelles der Baumerzeugenden Verfahren erkennen, die in Tabelle 4.9 aufgelistet sind:

Regeln sind ebenfalls Muster, welche von Verfahren der abhängigkeitsbeschreibenden Verfahrensklasse als Beschreibung von Abhängigkeiten zwischen einem abhängigen Zielattribut $A_z \in SC$ und unabhängigen Attributen $A_1, \ldots, A_n \in SC$ konstruiert werden. Dies erfolgt entweder in einer Transformation eines Baumes in Regeln, oder

Tabelle 4.8: Annahmen und Behebungsmöglichkeiten bei Verletzung von Baumerzeugenden Verfahren

Annahmen	Behebung bei Verletzung
R^p	Diskretisierung
Anzahl Abstände summiert	Gewichte unvollständige Beobachtung
Parameter beschreiben Klassen	mittelbare Parameter
Parameter sind unabhängig	Hauptkomponentenanalyse nach Korrelationsuntersuchungen
Klassen sind apriori gleichwertig	keine semantische Reduktion; Korrektur mit Gewichten

Tabelle 4.9: Stärken und Schwächen von Baumerzeugenden Verfahren

Stärken	bei Reduktion auf wenige Parameter relativ einfache Beschreibung Komplexität der Verfahren und des Lernens	richtige Parameter; semantische Validität
Schwächen	Abhängigkeit von Klassenbildung große Punktemengen	Validitätskontrolle, Kontrollverfahren Reduktion auf charakterisierende Punkte mit Regionen
Chancen	Separation des R^p schnelle Klassifikatoren	Skalierung homogenisieren „alles hat seinen Preis"
Risiken	Auswahl der Punkte X gleichgewichtig Wiederholbarkeit, Assoziierung für Zeit	Experimentdesign

durch die Anwendung von Verfahren zur direkten Konstruktion von
Regeln.

Für die Verfahren dieses spezifischen Verfahrensmodelles werden
folgende Annahmen getroffen:

- feste Anzahl von Attributen (ansonsten Gruppierung von Attributen mit Fehlerbehandlung)

- Klassifikation diskret (nicht kontinuierlich; ansonsten Separation
  für A_{p+1})

- günstige Separation von $dom(A_i)$ - intervallbasiert

Es lassen sich folgende Stärken und Schwächen, Chancen und Risiken des spezifischen Verfahrensmodelles der Regelerzeugenden Verfahren (siehe Tabelle 4.10) festhalten:

Tabelle 4.10: Stärken und Schwächen von Regelerzeugenden Verfahren

Stärken	einfache Separation (regel-basiert, baumorientiert) starke Separation zuerst heterogene (multivariate) Bäume	Preis für Einfachheit
Schwächen	fehlerhafte, NULL-behaftete Daten sensitive Daten	Bereinigung von Massiv Pruning
Chancen	Regeln aus Bäumen (daten-basiert) automatisierbar, greedy	
Risiken	syntaktische Separation oh-ne Semantik keine intervallbasierte Separation optimaler Baum, exponen-tiell	Neuanfang der Algorith-men kein Backtracking Transformation von $dom(A_i)$

Ein Muster kann als eine Formel dargestellt werden. Formelerzeugende Verfahren als spezifische Verfahren in der abhängigkeitsbeschreibenden Verfahrensklasse finden sich in der linearen oder logarithmischen Regression sowie der Zeitreihenanalyse. Annahmen und Behebungsmöglichkeiten bei Verletzung sind in Tabelle 4.11 aufgeführt.

Es lassen sich Stärken und Schwächen, Chancen und Risiken des spezifischen Verfahrensmodelles der Formelerzeugenden Verfahren in Tabelle 4.12 festhalten:

4.5.3 Qualitätsbestimmung von Mustern: das Erfolgskriterium

Bestandteil eines Datenanalyseprozesses ist die Qualitätsbestimmung eines gefundenen Musters. Hierbei wird ein Muster als Konstruktionsbeschreibung bzw. Beschreibung von Abhängigkeiten zwischen den im Datensatz enthaltenen Attributen verstanden.

Analog zur Bestimmung einer Datenqualität (Abschnitt 4.3.2) bedarf es hierfür entsprechender objektiver Kriterien, die zu einem Vergleich verschiedener Muster herangezogen werden können.

Fayyad, G. Piatetsky-Shapiro und P. Smyth (1996a) haben bereits mit Validierbarkeit, Neuartigkeit, Nutzbarkeit, und Verständlichkeit Qualitätsdimensionen für Muster erwähnt. Weiterhin ist nach Kidawara u. a. (2010) ebenfalls die Generalisierbarkeit eines Musters zu betrachten, da letztlich aus einem konkreten Datensatz ein allgemeines Muster gebildet wird. Die Qualitätsdimensionen beschreiben auf einer abstrakten Ebene die Aspekte eines Musters, die qualitativ bzw. quantitativ beurteilt werden. Jede Dimension lässt sich mit entsprechenden Kriterien konkret bewerten. Eine genaue Bestimmung einer Kenngröße ist vom zu beurteilenden Muster abhängig. Kenngrößen allein sind jedoch nicht ausreichend. Es erfolgt eine Einordnung und Interpretation in den Kontext des Nutzers. Die Qualitätsdimensionen und -kriterien sind in Abbildung 4.15 dargestellt.

Die Dimensionen der Qualitätsbeurteilung eines Nutzers sind wie bereits in Tabelle 2.1 angesprochen, von seinem Vorwissen und sei-

Tabelle 4.11: Annahmen und Behebungsmöglichkeiten bei Verletzung
von Formelerzeugenden Verfahren

Annahmen	Behebung bei Verletzung
lineare Abhängigkeit der Parameter	andere Formen bzw. Ansätze bei Skalierung
Beziehung von x^j und x^i vorherige Betrachtung (Korrelation)	semantische Unterlegung
x^i mit Fehler, x^j fehlerfrei	Toleranz mitführen (da fast nie erfüllt)
$x^{j_1}, \ldots, x^{j_n}$	Kollinearität d. Parameter für Reduktion
Erwartungswert, Varianz von $\Sigma^{i,j}$	Versuchsdesign, Experiment, Fehlerrechnung
Σ normalverteilt	Gesetz der großen Zahlen
Unterscheidung versklavte und treibende Parameter	relative Versklavung
Annahmen wie z. B. Linearität	andere Form der Regression
mittelbare oder nicht beobachtbare Parameter	Versuchsdesign, Experiment
Parameterwerte leicht korreliert	statistische Bestimmtheitstest, F-Verteilung Reduktion und Ordnen des Parameterraumes
sinnvolle Parameterkombinationen	Semantik
gerichtete Abhängigkeit	andere DM-Verfahren
direkte Abhängigkeit	Neuronale Netze

Tabelle 4.12: Stärken und Schwächen Formelerzeugender Verfahren

Stärken	Zusammenhangsoptionen Nichtzusammenhänge	Auswahl über bessere Schwellwerte Behebung von random noise (Rauschen)
Schwächen	zu viele Amalgame, schwache Richtung der Korrelation	Abstraktion andere Methoden
Chancen	Hypothesen zur Ermittlung von Semantik	
Risiken	Scheinkorrelationen Ausreißer	Abhängigkeiten gegeneinander χ^2-Test

Abbildung 4.15: Qualität eines Musters

nen bewusst formulierten Zielstellungen abhängig. Werden Muster gesucht, die ein Wissen bestätigen können, so ist die Neuartigkeit als Qualitätsdimension uninteressant. Widerspricht ein gefundenes Muster dem vorhandenen Wissen, so spielt die Qualitätsdimension Neuartigkeit eine andere Rolle in der subjektiven Bewertung durch einen Nutzer.

Validierbarkeit

Mit einer Validierung wird geprüft, inwieweit ein Muster mit dem vorhandenen Wissen eines Anwenders vereinbar ist.

Die Anwendung eines Musters auf Testdaten mit bekannten Prüfwerten ist eine Möglichkeit, die Korrektheit eines Musters zu verifizieren. Für die Vergleichsdaten ist anzunehmen, dass diese entsprechend
fehlerfrei sind.

Eine Methode für die Verifizierung eines Musters bildet die Kontingenztabelle. Mit dieser erfolgt eine Gegenüberstellung der Anzahl an
bekannten Prüfwerten und durch die Anwendung eines Musters auf
Testdaten ermittelte Werte. In Tabelle 4.13 ist ein zweidimensionaler
Fall abgebildet. Es ist anzumerken, dass durch eine Ungleichverteilung der bekannten Vergleichswerte eine Gesamtfehlerrate verfälscht
wird. Interessanter für eine qualitative Beurteilung eines Musters sind
daher die entsprechenden Recalls einer Klasse C. Um diese Methode zu nutzen, müssen sich die mit einem Muster ermittelten Werte
entsprechend eindeutig in Klassen $C_1, \ldots, C_n; n \in \mathcal{N}$ einteilen lassen.

Tabelle 4.13: zweidimensionale Kontingenztabelle zur Messung der Qualität

	Anzahl wahre C_1	Anzahl wahre C_2	class precision
Anzahl ermittelte C_1	TC_1	FC_2	$\frac{TC_1}{TC_1+FC_2}$
Anzahl ermittelte C_2	FC_1	TC_2	$\frac{TC_2}{FC_1+TC_2}$
class recall	$\frac{TC_1}{TC_1+FC_1}$	$\frac{TC_2}{TC_2+FC_2}$	$\frac{TC_1+TC_2}{TC_1+TC_2+FC_1+FC_2}$

Nutzbarkeit

Im Fokus eines Anwenders steht nicht zwangsläufig die Validierung
eines Musters im Sinne der Korrektheit. Gerade in betriebswirtschaft-
lichen Anwendungen steht im Vordergrund, durch die Anwendung
eines Musters entsprechende Entscheidungen treffen zu können, die
sich monetär auf das Ergebnis eines Unternehmens auswirken. Das

durch die Analyse gefunden Muster dient zur Identifizierung von Beobachtungen. Eine Methode für die Identifizierung ist das Scoring. Jede Beobachtung wird durch die Anewndung des Musters mit einem entsprechende Scoringwert versehen. Durch eine abschließende Sortierung der Scoringwerte lässt sich vom Nutzer ein gewählter Prozentsatz an Beobachtungen wählen, auf welche z. B. entsprechende Marketingmaßnahmen angewendet werden. Auf die Auswahl lassen sich Kostenfunktionen anwenden, die einen Ausdruck eines Nutzens darstellen.

Verständlichkeit

Die Bestimmung der Verständlichkeit eines Musters ist möglich, sofern die ermittelten Muster als Entscheidungsgrundlage durch einen Nutzer gelesen werden können. Stellen DM-Methoden als Ergebnis eine „Black Box" zur Verfügung, bei deren Anwendung auf Daten dem Nutzer nur eine Entscheidung mitgeteilt wird, so ist diese Qualitätsdimension zu vernachlässigen.

Objektive Kenngrößen lassen sich mit der Ermittlung von Größen eines Musters angeben. Für Trees können dies z. B. die Anzahl der Knoten sein, oder Pfadlängen von der Wurzel bis zu den Blättern eines Baumes. Zur objektiven Verständlichkeit zählt ebenfalls die Anzahl der letztlich in einem Muster berücksichtigten Attribute eines Datensatzes.

Generalisierbarkeit

Die Generalisierbarkeit eines Musters zeigt die Grenzen der Gültigkeit eines Musters auf.

Neuartigkeit

Ein Muster ist neuartig, sofern es sich nicht aus den bereits bekannten Wissen folgern lässt, oder mit dem vorhandenen Wissen eines Anwenders im Widerspruch steht. Abhängigkeiten zwischen Attributen eines Datensatzes sind im zugrundeliegenden Datenschema nicht bekannt.

5 Fallbeispiele

Die Ozeane und Meere der Welt beeinflussen unser Leben auf vielfältige Art und Weise. Der Mensch nutzt Ozeane als weltumspannendes Transportsystem und als Rohstoff-, Nahrungs- und Energiequelle. Die Küsten und Inseln sind touristisch erschlossen.

Ozeane beeinflussen Wetter und Klima. Diese zwei Bereiche analysieren Wissenschaftler eingehend und ständig. Einfluss auf das Klima nehmen u.a. die großen Ströme der Ozeane, wie z. B. der Golfstrom im Atlantik. Diese Meeresströme transportieren warmes Wasser aus den Äquatorialbereichen in Richtung Pole, und entsprechend abgekühltes Wasser von dort zurück in Richtung Äquator. Die Verkettung der Meeresströme über Ozeangrenzen hinweg wird als ocean conveyor belt bezeichnet.

Die „User Driven Perspective" für die anschließenden Fallbeispiele ist umrissen mit dem Mittelpunkt „Ozean", welcher über verschiedene Konzepte („Nahrungsquelle", „Lebensraum") charakterisiert wird. Für diese Konzepte spielen Topics, wie z. B. die „Strömung" oder auch „Stratifikation" eine Rolle.

5.1 Benthos

Die Europäische Union (EU) veröffentlichte im Jahr 2000 die Wasserrahmenrichtlinie (WRRL) (WFD (2000)). In dieser Richtlinie werden die Mitglieder der EU angehalten, bis zum Jahr 2015 bei Grund-, Boden-, Kontinental-, Übergangs- und Küstengewässern den Qualitätsstatus „gut" einer fünfstufigen Skala („schlecht", „unbefriedigend", „mäßig", „gut" und „sehr gut") zu erreichen. Die Gesamtqualität eines Gewässers wird durch die vier Bereiche, biologische Quali-

© Springer Fachmedien Wiesbaden GmbH, ein Teil von Springer Nature 2018
K. Jannaschk, *Infrastruktur für ein Data Mining Design Framework*,
https://doi.org/10.1007/978-3-658-22040-2_5

tät, hydromorphologische Qualität, physikalisch-chemische Qualität und chemische Qualität, bestimmt.

Zentrum dieses Fallbeispiels, und somit die „Model Driven Perspective", bilden das Wissen und die Informationen zur Bestimmung der biologischen Wasserqualität anhand des benthischen Lebensraumes. Der Hintergrund wird durch Theorien der Ökologie und zugehörigen konzeptionellen Modelle erklärt. Die Anwendung von Verfahren des DM in der „Data Driven Perspective" basiert auf Daten, welche seit 1952 in der westlichen Ostsee, genauer in der Kieler Bucht, durch Probennahmen gesammelt wurden. Ziel der Datenanalyse ist das Finden von Mustern, mit deren Hilfe das Wissen über die biologischen Modelle und Theorien erweitert wird. Verbesserte Modelle liefern neue Informationen für das Hintergrundwissen eines marinen Wissenschaftlers. Diese Fallstudie zeigt, wie die gezielte Anwendung von systematischem DM im Falle eines Klassifikationsproblems bei der Bestimmung eines biologischen Qualitätsindex beitragen kann.

5.1.1 Biologische Qualitätsbeurteilung

Durch die WRRL wurde die Entwicklung von bio-ökologischen Indizes in Europa angestoßen, um eine Aussage über die biologische Wasserqualität eines Gewässers treffen zu können. Hierfür wurden während der ersten Jahre der Einführung der WRRL verschiedene Gewässer ausgewählt und überwacht. Weiterhin entwickelten sich verschiedene Indizes für die nationale Klassifizierung der biologischen Wasserqualität. Einer dieser Indizes ist der schwedische Benthic Quality Index (BQI) nach Rosenberg u. a. (2004). Ein weiterer Index ist der spanische AZTI's Marine Biotic Index (AMBI) nach Borja, Franco und Pérez (2000). Die Bewertung von Sensitivität und Toleranz von Spezies unterscheidet sich bei den Indizes. Ein Vergleich der Indizes im Detail erfolgt bei Fleischer, Grémare u. a. (2007) und Gremare u. a. (2009). Einige europäische Länder übernahmen einen dieser beiden Indizes und entwickelten darauf basierend einen eigenen Index. Die WRRL spezifiziert, dass der angestrebte biologische Zustand eines Gewässers mindestens mit „gut" bewertet wird. Entsprechende

Maßnahmen sind zu veranlassen, sofern eine Bewertung unterhalb von „gut" gegeben ist.

Beide benannten Indizes zur Bestimmung einer biologischen Wasserqualität benötigen einen Datensatz über die Zusammensetzung der benthischen Lebensgemeinschaft. Das Benthos beschreibt hierbei die Lebewesen (Muscheln, Würmer, Schnecken, ...), welche den Grund eines Gewässers besiedeln. Speziell die Bestimmung einer biologischen Qualität basierend auf dem BQI ist vom Umfang eines analysierten Datensatzes abhängig, da die Qualitätsbeurteilung für ein Gewässer relativ zum Minimum und Maximum der berechneten Qualität der einzelnen Proben erfolgt. Die Datenerfassung zur Bestimmung eines einzelnen Wertes des BQI für eine Probe ist zeit- und kostenintensiv.

Im Falle der Ostsee erfolgt die Probennahme von einem Forschungsschiff aus, indem mittels eines 'Greifers' eine Bodenprobe an einer Messstation entnommen wird. Eine korrekte Analyse der Probe erfolgt im Labor. Die Bestimmung der in der Probe enthaltenen Tierarten ist ein sensitiver Prozess, bei dem die Expertise des analysierenden Wissenschaftlers mit dem späteren Ergebnis korreliert. Der Wissenschaftler bestimmt bei der Analyse die in einer Probe enthaltenen Spezies und zählt die gefundenen Abundanzen jeder Spezies. Schwachpunkt bei der Bestimmung einer Aussage über die biologische Wasserqualität ist bei der Datensammlung die Bestimmung der Spezies, da die Berechnung eines Indexwertes auf der genauen Identifikation der Spezies basiert.

Ein Wert des BQI für eine Probe berechnet sich über $BQI = \sum(\frac{A_i}{A_{tot}} * ES_{50_{0,05i}}) * log(S+1)$, wobei i eine Spezies einer Probe charakterisiert, A_i die Abundanzen der Spezies i, A_{tot} die Abundanzen aller Spezies der analysierten Probe, S die Anzahl der identifizierten Spezies einer Probe, und dem Sensitivitätswert $ES_{50_{0,05i}}$ einer Spezies im gesamten Datensatz.

Es steht die Frage im Raum, ob durch die Anwendung von DM-Methoden auf Basis der über die Jahre gesammelten Daten im Ostseeraum ein Modell entwickelt werden kann, welches zumindest für eine erste Inspektion und Abschätzung zur biologischen Qualität einer neuen Probe herangezogen wird. Das Ergebnis dieser Abschätzung unterstützt Entscheidungsträger, ob ggf. Maßnahmen zur Verbesserung der biologischen Qualität des Gewässers an einer Messstation getroffen werden müssen.

5.1.2 Problemstellung

Die Aufgabenstellung zielt auf ein Klassifikationsproblem ab, d.h. es ist die Zugehörigkeit einer Dateninstanz zu einer Qualitätsaussage zu beschreiben.

Bezugnehmend auf das vorgestellte DMD-Framework (siehe Abbildung 3.5) lassen sich die Bestandteile dieses Fallbeispiels wie folgt charakterisieren. Der Wissensraum (α) des biologischen Index basiert auf dem Wissen über das Benthos. Weiterhin ist bekannt, dass sich Spezies über verschiedene Taxonomieebenen (γ) einordnen lassen. Daher ist es möglich, den Datenraum (β) entsprechend dieser Ebenen anzupassen. Ziel ist es, ein einfaches Muster (δ) als nützliches und schnelles Werkzeug für eine Abschätzung der biologischen Wasserqualität einer Probe (δ) zu entwickeln. Schwerpunkt der Gütemessung des gefundenen Musters ist die Genauigkeit (ζ).

Der Datenraum in diesem Fallbeispiel wird durch das (H)ERM-Schema in Abbildung 5.1 aufgespannt.

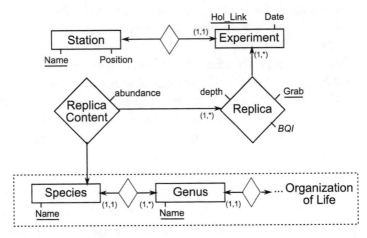

Abbildung 5.1: Schema in (H)ERM Notation des Datensatzes BQI

An verschiedenen Messstationen werden replizierte Probennahmen im Rahmen eines Experimentes durchgeführt. Bei einem Experiment wird mindestens eine Probe dem Boden der Messstation entnommen, wobei ebenfalls parallele Probennahmen erfolgen können. Es erfolgt eine Analyse jeder Probe, bei der Art und Anzahl der enthaltenen Spezies bestimmt werden. Eine Spezies ordnet sich in der Biologie in eine mehrstufige Taxonomie ein. Basierend auf dem Probeninhalt wird ein BQI-Wert als Qualitätsaussage für jedes Replikat einer Probennahme berechnet.

Der resultierende Experimentaldatensatz für die Analyse enthält fünf wesentliche Attribute mit über 35000 Tupeln. Die Attribute erklären sich wie folgt:

- Hol_Link: Name einer Probennahme (Nominalskala)

- G: Greifer der Probennahme (Nominalskala)

- BQI: berechneter BQI für die Probe (Verhältnisskala)

- $Taxon$: wissenschaftlicher Name der gefundenen Spezies (Nominalskala)

- $Number$: Abundanz des Taxon in der Probe (Verhältnisskala)

In einem weiteren zur Verfügung stehenden Datensatz findet sich die Taxonomie der Spezies. Auf Grundlage der Taxonomie ist es möglich, den Experimentaldatensatz auf die verschiedenen Ebenen der Taxonomie zu aggregieren.

Um eine Aggregation durchzuführen, muss gewährleistet sein, dass sich im Experimentaldatensatz nur Spezies befinden, die ebenfalls in der Taxonomie zu finden sind. Daher wurde zunächst eine Kontrolle auf Schreibfehler und unbekannte Spezies im Experimentaldatensatz durchgeführt.

Aus dem verhältnisskalierten BQI können die fünf in der WRRL vorgesehenen Klassen abgeleitet werden. Diese fünfstufige Skala der WRRL lässt sich weiterhin in eine zweistufige Skala reduzieren. Eine Klasse „high" entspricht hierbei den Klassen der WRRL „gut" und

„sehr gut". Hier ist kein Eingriff von außen notwendig. Die Klasse „bad" umfasst die Klassen der WRRL „schlecht", „unbefriedigend" und „mäßig". Hier ist ein entsprechender Eingriff zur Korrektur notwendig.

Basierend auf dem Experimentaldatensatz und der Taxonomie repräsentiert durch das Schema in Abbildung 5.1 werden die entsprechenden Analysedatensätze erzeugt. Neben dem Identifier und der Qualitätsaussage beinhalten die Teildatensätze eine variable Anzahl von Attributen $taxon_1, \ldots, taxon_n$. Der Identifier einer Probe setzt sich aus dem Namen der Probe Hol_Link und dem Greifer G zusammen.

Die Datentransformation im Vorfeld der Analyse führt z. B. zu einem Datensatz mit den Attributen:

- Hol_Link_G: Identifier einer Probe (Nominalskala)

- BQI_class: Klassenattribut zur Kennzeichnung der Klassenzugehörigkeit (Nominalskala)

- $taxon_1, \ldots, taxon_n$: Diskrete Attribute zur Repräsentation der aggregierten Abundanzen je Taxonomieebene (Verhältnisskala)

Für die Taxonomieebene „Spezies" existieren die Attribute $taxon_1, \ldots, taxon_{319}$ und für die Taxonomieebene „Familie" die Attribute $taxon_1, \ldots, taxon_{126}$.

Die Abundanz eines Taxon in der Taxonomieebene „Familie" in den Probennahmen ist in Tabelle 5.1 zu sehen. Die Spannweite der Zahl der Abundanzen einer Familie reicht vom einmaligen Vorkommen bis zu einem Vorkommen der „Familie" in 95% der Proben. Die höchste Anzahl verschiedener Werte einer Familie beträgt 285.

Es existieren eine Vielzahl von Verfahren, um eine Klassifizierung durchzuführen, u.a. Entscheidungsbaumalgorithmen, Bayessche Netze, ... (Kapitel 4.5). Allein sieben von zehn Algorithmen bei Wu u. a. (2007) beschäftigen sich mit der Lösung dieser Problemstellung. Einfach den einzig-wahren Algorithmus zur Problemlösung auszuwählen

Tabelle 5.1: Relative Häufigkeit, Anzahl verschiedener Werte, und maximale Abundanz per Taxon in den Proben (sortiert nach Anzahl verschiedener Werte)

Familie	Rel. Häufig.	Versch. Werte	Max. Abund.
Diastylidae	0.93	285	2304
Semelidae	0.84	250	665
Lasaeidae	0.67	238	844
Spionidae	0.65	154	1300
Trichobranchidae	0.57	139	463
Astartidae	0.50	127	335
Pectinariidae	0.70	119	490
Orbiniidae	0.75	110	265
Tellinidae	0.55	106	244
Capitellidae	0.67	90	526
Corbulidae	0.66	89	176
Nephtyidae	0.95	67	217
Cardiidae	0.34	67	377
Arcticidae	0.76	66	557
...	...	...	...
Edwardsiidae	0.05	11	18
...	...	...	...
Syngnathidae	0	2	1

ist nach Reif u. a. (2012) nicht möglich. Um beim Finden eines passenden Algorithmus den Nutzer zu unterstützen, werden sowohl die Anforderungen eines Anwenders als auch die Gegebenheiten des zu analysierenden Datensatzes berücksichtigt.

Im vorliegenden Fallbeispiel erfolgt die Spezifikation der Eigenschaften aus Abbildung 4.11 wie folgt:

Als ein einfaches Muster wird ein Entscheidungsbaum gewählt. Da Entscheidungsbaumalgorithmen supervised Algorithmen sind, muss ein abhängiges Attribut als Zielvariable definiert werden. In diesem Fall ist es das Attribut *BQI_class*. Zur Beschreibung der Zielvariable dienen unabhängige Attribute, hier $taxon_1, \ldots, taxon_n$. Eine weitere Rolle spielen die Skalen der Attribute. Das Zielattribut ist nominalskaliert, die unabhängigen Attribute sind verhältnisskaliert. Ein möglicher passender Algorithmus zur Analyse des vorliegenden Datensatzes zur Erreichung des Zieles ist der C4.5 Algorithmus (ε) (Quinlan (1992)).

5.1.3 Experimentelle Ergebnisse

Es werden die Ergebnisse für die Taxonomieebene „Familie" angegeben. Die in einer Probe gefundenen Taxons lassen sich auf dieser Ebene relativ einfach und schnell von einem Wissenschaftler identifizieren. Der Analysedatensatz umfasst 1603 Tupel. Das Verhältnis der Ausprägungen des Zielattributes beträgt „high": 774 und „bad": 829, und ist damit nahezu ausgeglichen.

Die Analyse wurde durchgeführt mit dem Tool „RapidMiner"[1] Version 5.3 auf einem Intel Xeon X5560 Windows Server 2008 mit 48 GB RAM.

Die Genauigkeit der Vorhersage eines Musters wird im Tool mittels des Operators „Cross-Validation" gemessen. Hierfür wird der Datensatz D durch den Operator in k gleichgroße Teile gesplittet, wobei jede Partition $D_1, \ldots, D_k$ einmal als Testdatensatz genutzt wird. Die Partitionen $\{D_1, \ldots, D_k\} - D_n; 1 \neq n \neq k$ bilden zusammen den Trainingsdatensatz zum Finden des Musters. Durch die k-fache Wiederholung des Findens und Testens eines Musters wird aus den k Resultaten der Durchschnittswert für die Genauigkeit eines Musters ermittelt.

In dieser Fallstudie wurde das Splitkriterium geändert, während die weiteren Parameter für den Operator „Decision Tree" des Tools „RapidMiner" unverändert blieben. Es ist anzumerken, dass die Umsetzung des Operators nur Binärbäume konstruiert, da ein Split eines verhältnisskalierten Attributes zwischen zwei benachbarten Werten erfolgt.

Die erhaltenen Muster für die Splitkriterien *Information Gain* (Abbildung 5.2) und *Gini Index* (Abbildung 5.4) berücksichtigen die

---

[1] http://www.i-rapid.com

meisten Familien. Hierbei fällt auf, dass 17 Familien in beiden Entscheidungsbäumen enthalten sind. Teilweise sind die tatsächlichen Splitwerte ebenfalls identisch, wie z. B. bei „Diastylidae" und dem Wert 49, 5 ersichtlich. Während der Entscheidungsbaum des Splitkriteriums *Information Gain* eine maximale Tiefe von 10 besitzt, so beträgt die maximale Breite des Entscheidungsbaumes mit dem Splitkriterium *Gini Index* 9. Ein sehr kompakter Entscheidungsbaum wird durch das Splitkriterium *Gain Ratio* (Abbildung 5.3) konstruiert. In diesem finden lediglich sieben Familien Berücksichtigung und die maximale Tiefe ist 8. Die Schnittmenge zwischen den drei Entscheidungsbäumen bilden die Familien „Diastylidae", „Lasaeidae", „Orbiniidae", „Pectinariidae" und „Astartidae". Diese Familien sind Teil der obersten 10 Familien mit den meisten verschiedenen Werten.

Die Kontingenztabellen für die Splitkriterien *Information Gain*, *Gain Ratio* und *Gini Index* gegeben in Tabelle 5.2, Tabelle 5.3 und Tabelle 5.4 spiegeln die Genauigkeit der ermittelten Muster wider. Die Gesamtgenauigkeit der gefundenen Muster ist in allen drei Fällen ähnlich. Der Recall für die Klasse „bad" ist beim Muster des Splitkriteriums *Gain Ratio* jedoch am besten. Proben, die einen verbesserungswürdigen biologischen Index besitzen, werden anhand dieses Musters im Vergleich zu den anderen beiden Mustern besonders gut erkannt.

Tabelle 5.2: Kontingenztabelle Splitkriterium *Information Gain*

	true bad	true high	class precision
pred. bad	727	120	85.83%
pred. high	102	654	86.51%
class recall	87.70%	84.50%	86.15% +/- 3.27%

5.1.4 Zusammenfassung

Die in diesem Fallbeispiel präsentierten Entscheidungsbäume sind im Vergleich zur Ausgangsmenge an im Analysedatensatz enthaltenen Familien relativ klein, da nur ein Teil der beobachteten Familien der

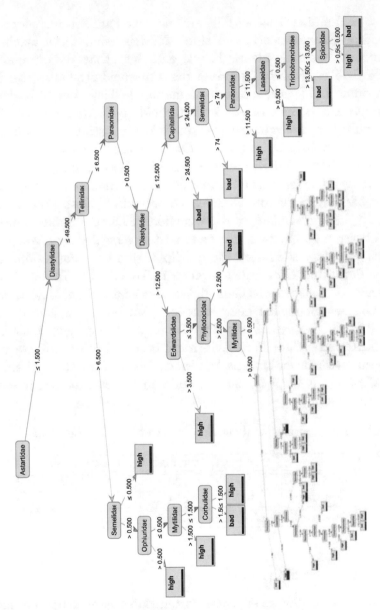

Abbildung 5.2: Detail und vollständiger Entscheidungsbaum für das Splitkriterium *Information Gain*

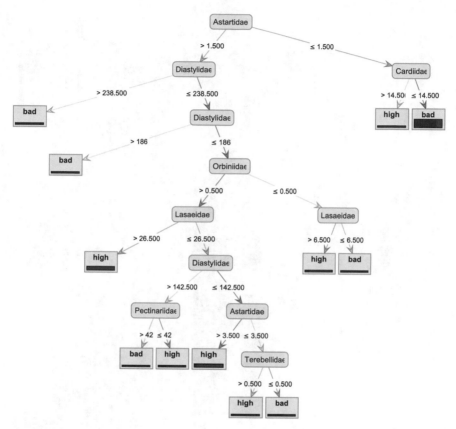

Abbildung 5.3: Entscheidungsbaum für das Splitkriterium *Gain Ratio*

Tabelle 5.3: Kontingenztabelle Splitkriterium *Gain Ratio*

	true bad	true high	class precision
pred. bad	771	169	82.02%
pred. high	58	605	91.25%
class recall	93.00%	78.17%	85.84% +/- 2.39%

Benthos Fauna tatsächlich Berücksichtigung in den Mustern finden. Der Entscheidungsbaum mit dem Splitkriterium *Gain Ratio* enthält lediglich sieben verschiedene Familien. Die Genauigkeit aller Muster

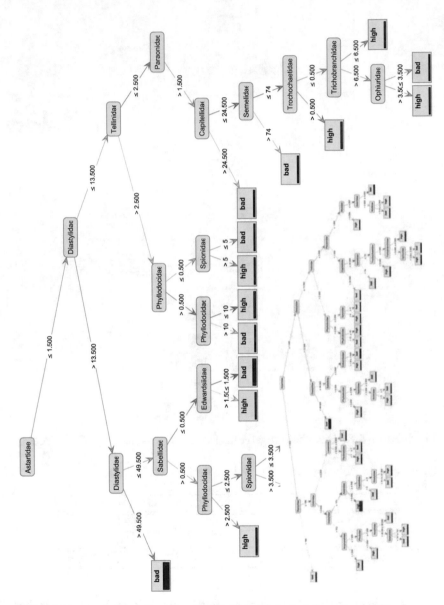

Abbildung 5.4: Detail und vollständiger Entscheidungsbaum für das Splitkriterium *Gini Index*

Tabelle 5.4: Kontingenztabelle Splitkriterium *Gini Index*

	true bad	true high	class precision
pred. bad	715	100	87.73%
pred. high	114	674	85.53%
class recall	86.25%	87.08%	86.65% +/- 3.06%

ist ausreichend, um eine neue Probe hinsichtlich ihres biologischen Index schnell charakterisieren zu können, und eine Aussage bzgl. von Maßnahmen zur Verbesserung der biologischen Qualität treffen zu können. Das beste Muster zur Identifikation von relevanten Proben liefert hier der Entscheidungsbaum konstruiert mit dem Splitkriterium *Gain Ratio*.

Die gefundenen Muster basieren auf Daten für einen kleinen Teil der Ostsee. Ob die Muster daher auf andere Seen und Ozeane mit ähnlicher Fauna übertragbar sind, muss gegen weitere Datensätze geprüft werden. Hierbei muss jedoch beachtet werden, dass ein Taxon in einem Gebiet einen positiven Effekt auf den ökologischen Index besitzt, in einem anderen Gebiet kann dies ein negativer Effekt sein. Bisher wurden die Muster für den BQI konstruiert. Es ist zu testen, ob sich aussagekräftige Muster ebenfalls für andere Indizes, z. B. den AMBI, finden lassen. Interessant ist dann ein Vergleich der gefunden Muster für die verschiedenen Zielgrößen.

Mit Klassifikation beschäftigen sich ebenfalls andere Algorithmen. Daher sollten ebenfalls andere Formen von Mustern als Zielstellung geprüft werden, und somit weitere Algorithmen mit diesem Datensatz zur Anwendung kommen. Die Muster sollen ebenfalls leicht verständlich sein, jedoch möglichst eine bessere Genauigkeit für die Vorhersage des ökologischen Index aufweisen.

5.2 Stratifikation der Wassersäule

Die Meere und Ozeane sind Teil des Sauerstoff- und Kohlenstoffdioxidkreislaufs der Erde. Wasserpflanzen, wie z. B. Algen, nehmen während des Wachstums CO_2 nach dem Prinzip der Photosynthese auf. Nach dem Absterben und dem anschließenden Zersetzungsprozess geben sie das in ihnen gespeicherte CO_2 jedoch wieder an die Umgebung ab.Das Pflanzen- und damit auch Algenwachstum wird gerade in den Küstenbereichenn durch die Zufuhr von Nitraten/Nitriten gefördert.

Ein weiteres Merkmal von Gewässern, und damit von Meeren und Ozeanen, ist die Stratifikation. Auf Grundlage der Dichteanomalie des Wassers weist warmes Wasser eine geringere Dichte als kühleres Wasser auf. Für eine Wassersäule bedeutet das, dass warmes Wasser an der Oberfläche zu finden ist, und entsprechend kühleres Wasser am Grund eines Gewässers. Allerdings ist diese Trennung nicht zwangsläufig und nicht linear, so dass die Wassertemperatur auf dem Weg von der Oberfläche zum Grund stetig abnimmt. Es lassen sich vielmehr durchmischte und geschichtete Wassersäulen identifizieren. Eine durchmischte Wassersäule weist eine konstante Wassertemperatur von der Oberfläche bis zum Grund auf, während in einer geschichteten Wassersäule sich zwei Temperaturbereiche zeigen. So gibt es einen warmen Bereich mit einer gleichmäßig höheren Temperatur im Vergleich zu einem kalten Bereich mit geringerer gleichmäßiger Temperatur. Der Temperaturverlauf in einer gemischten (A) und geschichteten (B) Wassersäule ist in Abbildung 5.5 gezeigt.

Der Zusammenhang zwischen dem Kohlenstoffkreislauf und der Stratifikation einer Wassersäule wird als „Continental shelf pump" bezeichnet. Während bei durchmischten Wassersäulen das bei der Zersetzung von Pflanzen freigegebene CO_2 schneller zur Oberfläche und damit zurück an die Atmosphäre gelangt, wird bei geschichteten Wassersäulen das CO_2 am Gewässergrund gehalten. Um dieses Prinzip in der Nord- und Ostsee aufzuzeigen, wurden im Rahmen der Europäischen Initiative CANOBA (Carbon and Nutrient Cycling in the North Sea and the Baltic Sea) Forschungsfahrten in der Nord- und Ostsee durchgeführt (Thomas (2002)). Das Experiment umfasste die Bestimmung von chemischen und organischen Parametern an verschiedenen definierten Stationen bei jahreszeitlicher Wiederholung aus unterschiedlichen Wassertiefen.

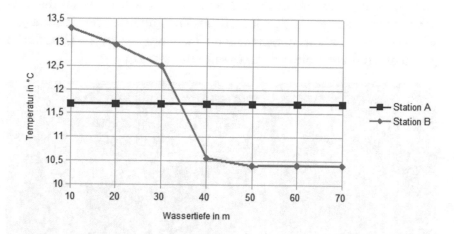

Abbildung 5.5: Temperaturverlauf an Station mit gemischter (A) und geschichteter (B) Wassersäule

Bei diesem Fallbeispiel stehen hier die folgenden Fragestellungen im Fokus:

1. Lässt sich eine Durchmischung bzw. Schichtung an verschiedenen Parametern nachweisen?

2. Inwieweit findet sich eine räumliche Separation der Stationen mit geschichteter und gemischter Wassersäule in der Nordsee wieder?

5.2.1 Problemstellung

Die Forschungsfahrt in der Nordsee führte zu 97 Stationen (Abbildung 5.6), wobei an jeder Station Proben aus verschiedenen Wassertiefen genommen wurden. Die gesamte Untersuchung umfasste vier Fahrten (Herbst, Winter, Frühling, Sommer), um ebenfalls die Jahreszeiten zu berücksichtigen. Das Experiment zur Datengewinnung läuft dahingehend ab, dass eine Rosette mit Flaschen vom Forschungsschiff an jeder Station in die Tiefe abgelassen wird. Die Flaschen sind oben und unten geöffnet. Beim Heraufziehen der Rosette werden die Flaschen nacheinander an den jeweiligen Tiefepunkten der Station geschlossen. So wird das entsprechende Tiefenwasser an die Oberfläche gebracht, und zur weiteren Analyse bereit gestellt.

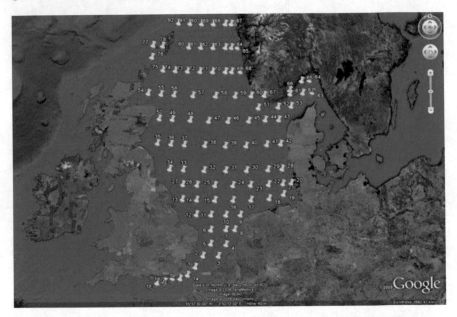

Abbildung 5.6: Lage der Messstationen des CANOBA-Projektes in der Nordsee

Bezugnehmend auf das vorgestellte DMD-Framework (siehe Abbildung 3.5) lassen sich die Bestandteile dieses Fallbeispiels wie folgt charakterisieren. Der Wissensraum (α) wird gebildet durch die Stratifikation und die Kenntnis des Kohlenstoffkreislaufs. Eine Stratifikation lässt sich für die Temperatur nachweisen, welche ggf. auch auf andere Parameter übertragbar ist (γ). Der Datenraum (β) wird zunächst gekennzeichnet durch konkrete Messwerte. Ziel ist es, einen Zusammenhang zwischen der Stratifikation und dem Kohlenstoffgehalt des Wassers in der Nordsee (δ) darzustellen. Es steht die Frage im Raum, inwieweit sich eine klare Separation der Messstationen erkennen lässt, und welche Parameter als wesentliche Parameter einer Stratifikation erkennbar sind (ζ).

Der Datenraum in diesem Fallbeispiel wird durch das (H)ERM-Schema in Abbildung 5.7 aufgespannt.

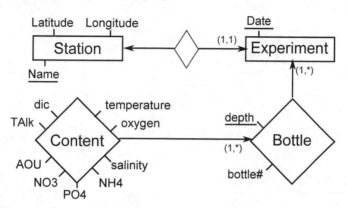

Abbildung 5.7: Schema in (H)ERM Notation des Datensatzes Stratifikation

Die Wertebereiche der Attribute zur Charakterisierung des Inhaltes einer Probe sind in Tabelle 5.5 aufgezeigt.

Für die Analyse stand je Forschungsfahrt ein Experimentaldatensatz mit je 740 Tupeln zur Verfügung. Diese Datensätze wurden separat in Vorbereitung zur Analyse bereinigt, indem eine Vereinheitlichung das Attributes „station" erfolgte. Weiterhin erfolgte eine Korrektur der Attribute „latitude" und „longitude" je Station. Das Attribut „bottle" ist für die Analyse mit der zuvor gegebenen Fragestellung unwichtig.

Um eine Unabhängigkeit der Tupel in einem Datensatz zu erreichen, wurde eine Aggregation der weiteren Attribute durchgeführt. Vor einer Aggregation wurde zunächst durch Anwendung des Walsh-bzw. Grubbs-Tests nach Ausreißern in den Attributwerten gesucht, und durch eine Ersetzung mit „0" eine entsprechende Bereinigung durchgeführt. So konnten z. B. Temperaturen von mehr als 800 Grad Celsius identifiziert werden.

Tabelle 5.5: Wertebereiche des Datensatzes Stratifikation

Parameter	Beschreibung	Einheit	Wertebereich
station	Name der Station		nominal
latitude	Breitengrad der Station	°N	[50:25; 61:00]
longitude	Längengrad der Station	°E	[-2:5; 10:24]
date	Start-Zeitpunkt der Probennahme		Datum, Zeit
depth	Tiefe der Probennahme	m	[5; 540]
bottle	Nummer der Flasche der Probennahme		nominal
salinity	Salzgehalt	psu	[20.56,35.94]
temperature	Temperatur	°C	[4.59; 19.21]
oxygen	Sauerstoffgehalt	µmol	[167.99; 402.68)
PO4	Phosphat	µmol	[0.0023; 1.48)
NH4	Ammonium	µmol	[0.1127; 5.38)
AOU	Differenz zwischen vollständigem und gemessenem Sauerstoff	µmol	[-26.04; 115.9]
NO3	Nitrat	µmol	[-9.9; 76.09]
DIC	Aufgelöster anorganischer Kohlenstoff	µmol/kg	[1868; 2224.13]
TAlk	Totale Alkalinität	mmol/kg	[1.843; 2.442]

Über welche Aggregationsfunktion lassen sich die Tupel einer Station in einem Datensatz auf ein Tupel je Station aggregieren? Im Fokus der Untersuchung stehen gemischte bzw. geschichtete Wassersäulen. Während in der gemischten Wassersäule eine homogene Temperatur herrscht, zeichnet sich die geschichtete Wassersäule durch ein Schwankung aus. Hierbei ist weder die genaue Temperatur bei einer Durchmischung noch die Größe des Temperaturunterschiedes zwischen Oberfläche und Gewässergrund ausschlaggebend. Daher wurde als Aggregationsfunktion für die Messwerte jeder Station die Standardabweichung gewählt.

5.2.2 Experimentelle Ergebnisse

Die Fragestellung lässt sich als ein Clusterproblem interpretieren. Innerhalb der Menge der Stationen gilt es, eine entsprechende Gruppenstruktur aufzuzeigen. Jede Gruppe von Stationen weist hierbei je ein ähnliches Verhalten der/des betrachteten Parameters auf.

Als Analyseverfahren wurden die zwei Algorithmen k-Means und DBScan gewählt.

Der Algorithmus k-Means benötigt zur Ausführung zwei Parameter. Die Anzahl der Gruppen k und eine initiale Auswahl der Clusterzentren. Da bekannt ist, dass sich die Wassersäulen in gemischtes und geschichtetes Wassersäulen einteilen lassen, so liegt zunächst eine Einteilung der Stationen in zwei Gruppen nahe. Eine Vorgabe, welche Station ein Zentrum welcher Gruppe darstellt, wurde nicht vorgenommen. Es erfolgte eine zufällige Platzierung der Clusterzentren im Datensatz.

Eine Anwendung des Algorithmus k-Means für $k = 2$ auf den bereinigten und aufbereiteten Experimentaldatensatz für die Forschungsfahrt im Herbst Tabelle 5.6 ergibt eine Separation der Stationen wie in Abbildung 5.8 gezeigt. Eine Charakterisierung der entstandenen Gruppierung c_1 und c_2 lässt sich anhand des Clusterzentrums für c_1 mit Wert $0,353$ und für c_2 mit Wert $3,305$ beschreiben. Da die Analyse der Daten auf Grundlage der Standardabweichung der Temperatur ermittelt wurde, so spiegelt der Wert des Clusters c_1 eine

Tabelle 5.6: Wertebereich der Standardabweichung des Datensatzes
Herbst

Parameter	Min	Max
temperature	0	4,712
salinity	0	1,869
oxygen	0,07	53,357
PO4	0	0,38
NH4	0,011	2,322
AOU	0	1,13
NO3	0	5,65
DIC	0	81,007
TAlk	0	0,043

kleine Schwankung der Temperatur innerhalb der Wassersäule einer
Station wider, während der Wert des Clusters c_2 auf eine deutlich
größere Schwankung hinweist.

Eine Beschreibungsform der Cluster bildet die Angabe einer Regel,
wie sie die Anwendung von Klassifikationsalgorithmen als Ergebnis
erzeugen. Die Anwendung des Algorithmus $J48$ erzeugt die Regel:
$IF\ temperature \leq 1,793\ THEN\ c_1\ ELSE\ c_2$.

Da der Algorithmus k-Means zwanghaft eine Gruppierung der Elemente durchführt, und bestrebt ist, eine ausgewogene Clustergröße
zu erreichen, so lässt sich hier keine klare Aufteilung der Stationen in
ein nördliches bzw. südliches Cluster erkennen. Deutlich werden die
Stationen in der linken oberen Ecke der Abbildung 5.8 dem Cluster
c_1 zugeordnet. Ein weiteres Problem des k-Means ist die Voraussetzung, eine Clusterzahl vorzugeben. Im vorliegenden Fallbeispiel ist
nicht zwangsläufig eine klare Separation zwischen gemischten und
geschichteten Wassersäulen vorhanden. Denkbar ist, dass Wassersäulen existieren, die sich weder der einen noch der anderen Katego-
rie zuordnen lassen. Ebenfalls ist es denkbar, dass Parameter keine
Stratifikation aufweisen, und eine Separation der Wassersäulen durch
k-Means zwangsweise vorgenommen wird.

Daher wurde der Experimentaldatensatz einer Analyse mit dem Algorithmus DBScan unterzogen. Für DBScan ist die Angabe des Parameters ϵ als Abstand zwischen einem Clusterelement am Rand und einem Clusterelement im Inneren des Clusters notwendig. Zur Bestimmung des Abstandes kann der Algorithmus OPTICS genutzt werden. In beiden Fällen ist eine Anzahl *minpts* anzugeben. Dieser Parameter spiegelt die minimale Größe eines Clusters wider.

Die Anwendung des Algorithmus DBScan für den Parameter „temperature" ergibt eine Gruppierung der Stationen wie in Abbildung 5.9 gezeigt. Es existieren analog dem Ergebnis mit k-Means zwei Cluster. Allerdings ist eine klare Separation in ein nördliches und ein südliches Gebiet vorhanden.

Eine Beschreibung anhand einer Regel durch die Anwendung des Algorithmus *J48* ergibt:

$IF\ temperature \leq 0,118\ THEN\ c_1\ ELSE\ c_2$.

Lassen sich die Stationen hinsichtlich der Parameter „salinity", „oxygen", „PO4", „NH4", „AOU", „NO3", „DIC" und „TAlk" ebenfalls ähnlich der Separation hinsichtlich des Parameters „temperature" in Cluster einteilen?

Da eine Separierung in grundsätzlich zwei Cluster abgelehnt wird, wird der Experimentaldatensatz fortführend mit dem Algorithmus DBScan analysiert. OPTICS ermittelt für den Parameter ϵ die Werte $\epsilon_1 = 0,519$ und $\epsilon_2 = 0,621$.

Die Ergebnisse der Anwendung des Clusterverfahrens DBScan auf alle Parameter werden in Abbildung 5.10 und Abbildung 5.11 gezeigt.

Eine Separation der Stationen mit dem Abstandswert ϵ_1 ist nicht zielführend. Die Stationen werden in 4 Cluster $c_1, \ldots, c_4$ eingeteilt. Trotz dieser Vielzahl von Clustern im Gegensatz zur Clusterung mit dem Parameter „temperature" werden nicht alle Stationen einem Cluster zugeordnet. Eine Separation mit ϵ_2 erkennt eine Zweiteilung. Allerdings sind hier ebenfalls nicht alle Stationen einem Cluster zugeordnet, und auch eine klare Teilung in ein Nord-Süd-Verhalten ist nicht zu erkennen.

Eine Beschreibung der Cluster für die Gruppierung mit $\epsilon = 0,519$ kann mittels des Algorithmus *J48* erfolgen. So lassen sich die Stationen mit Anwendung der Regel den entsprechenden Gruppen zuordnen.

$IF\ AOU \leq 0,02\ THEN\ c_2$
$ELSE\ IF\ AOU > 0,02\ \wedge PO4 \leq 0,029\ THEN\ c_1$
$ELSE\ IF\ AOU > 0,02\ \wedge 0,029 < PO4 \leq 0,277\ THEN\ c_3$
$ELSE\ IF\ AOU > 0,02\ \wedge PO4 > 0,277 \wedge TAlk \leq 0.002\ THEN\ c_4$
$ELSE\ IF\ AOU > 0,02\ \wedge PO4 > 0,277 \wedge TAlk > 0.002$
$THEN\ ohne\ Zuordnung$

Für eine Gruppenbildung sind die drei Parameter AOU, $PO4$ und $TAlk$ verantwortlich.

Eine Beschreibung der Cluster für die Gruppierung mit $\epsilon = 0,621$ kann mittels des Algorithmus $J48$ erfolgen. So lassen sich die Stationen mit Anwendung folgender Regel den entsprechenden Gruppen zuordnen:

$IF\ AOU \leq 0,69\ THEN\ c_2$
$ELSEIF\ AOU > 0,69 \wedge salinity \leq 0,362\ THEN\ c_1$
$ELSEIF\ AOU > 0,69 \wedge 0,362 < salinity \leq 1,084\ THEN\ c_2$
$ELSEIF\ AOU > 0,69 \wedge salinity > 1,084\ THEN\ ohne\ Zuordnung$

Für eine Gruppenbildung sind zwei Parameter AOU und $salinity$ verantwortlich. Der Parameter AOU spielt in beiden Gruppierungen eine Rolle.

Welcher dieser Parameter weist hinsichtlich der Stratifikation ein anderes Verhalten auf wie der Parameter „temperature"?

Ein vom Ergebnis des Clusterings anhand des Parameters „temperature" stark abweichendes Bild ergibt das Clustering mit dem Parameter „AOU" (Abbildung 5.12). Auch wenn sich eine Unterscheidung der Stationen anhand von Schichtung bzw. Durchmischung feststellen lässt, so zeigt sich hier keine ausgeprägte Nord-Süd Verteilung.

Eine Regel, gebildet mit dem Algorithmus $J48$, ergibt die Beschreibung: $IF\ AOU \leq 0,02\ THEN\ c_2\ ELSE\ c_1$. Diese Regel deckt sich mit dem Anfang der Regel zum Clusterergebnis wie in Abbildung 5.10 zu sehen.

Für den Parameter „salinity" der untersuchten Stationen ergibt das Clustering mit DBScan eine große Gruppe (Abbildung 5.13). An der Küste Norwegens gibt es Stationen, die einen anderen Salzgehalt aufweisen. Hier ist anzumerken, dass sich an dieser Küste die tiefsten Stellen der Nordsee befinden, sowie durch die Einleitung von Oberflächenwasser aus dem Gebirge ein hoher Süßwassereintrag besteht.

Beschreiben lässt sich das Ergebnis mit der Regel:

$IF\ salinity \leq 0,917\ THEN\ c_1$
$ELSE\ 0,917 < salinity \leq 1,365\ THEN\ c_2$
$ELSE\ ohne\ Zuordnung.$

Ein Clustering anhand des Parameters „PO4" (Abbildung 5.14) zeigt eine Gruppierung der Stationen analog der Gruppierung hinsichtlich des Parameters „temperature" (Abbildung 5.9). Eine Trennung der Cluster beschreibt die Regel:

$IF\ PO4 \leq 0,029\ THEN\ c_1\ ELSE\ c_2.$

Abbildung 5.8: Gruppierung in c_1 (grün) und c_2 (rot) der Stationen mit Parameter „temperature" und k-Means, $k = 2$

Ein identisches Ergebnis im Vergleich zum Clustering anhand des Parameters „temperature" zeigt das Clustering anhand des Parameters„DIC" (Abbildung 5.15). Eine Regel beschreibt die Gruppierung wie folgt:
$IF\ DIC \leq 18,725\ THEN\ c_1\ ELSE\ c_2$

Abbildung 5.9: Gruppierung in c_1 (grün) und c_2 (rot) der Stationen mit Parameter „temperature" und DBScan, $\epsilon = 0,115, minpts = 6$

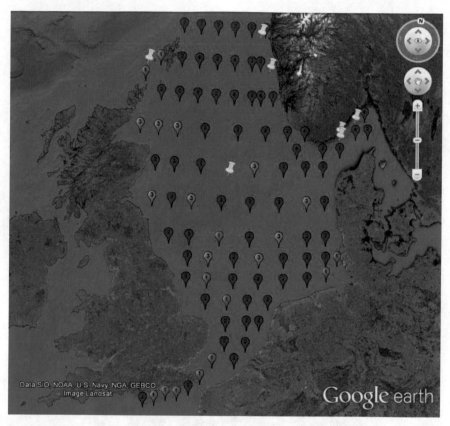

Abbildung 5.10: Gruppierung in c_1 (grün), c_2 (rot), c_3 (orange), c_4 (pink) und ohne Zuordnung (gelb) der Stationen mit Parameter „salinity", „oxygen", „PO4", „NH4", „AOU", „NO3", „DIC" und „TAlk" und DBScan, $\epsilon = 0,519, minpts = 6$

Abbildung 5.11: Gruppierung in c_1 (grün), c_2 (rot) und ohne Zuordnung (gelb) der Stationen mit Parameter „salinity", „oxygen", „PO4", „NH4", „AOU", „NO3", „DIC" und „TAlk" und DBScan, $\epsilon = 0,621, minpts = 6$

Abbildung 5.12: Gruppierung in c_1 (grün) und c_2 (rot) der Stationen mit Parameter „AOU" und DBScan, $\epsilon = 0,457, minpts = 6$

Abbildung 5.13: Gruppierung in c_1 (grün), c_2 (rot) und ohne Zuordnung (gelb) der Stationen mit Parameter „salinity" und DBScan, $\epsilon = 0, 12, minpts = 6$

Abbildung 5.14: Gruppierung in c_1 (grün) und c_2 (rot) der Stationen mit Parameter „PO4" und DBScan, $\epsilon = 0, 138, minpts = 6$

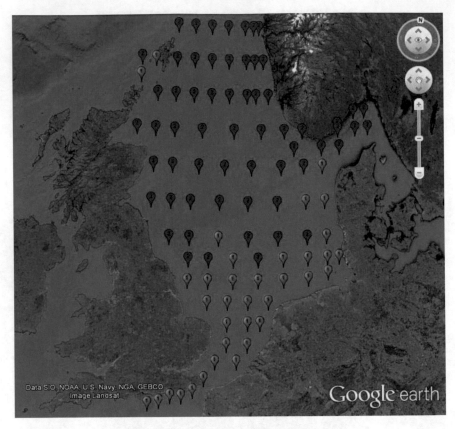

Abbildung 5.15: Gruppierung in c_1 (grün) und c_2 (rot) der Stationen mit Parameter „DIC" und DBScan, $\epsilon = 0,149, minpts = 6$

Somit lässt sich als weitergehende Frage formulieren, ob die Temperatur des Wassers die Durchmischung bzw. Schichtung der beiden Parameter „PO4" und „DIC" beeinflusst.

5.2.3 Zusammenfassung

Durch die Anwendung des Clusterverfahrens konnten die Parameter ermittelt werden, die ein ähnliches bzw. gegensätzliches Verhalten wie die Temperatur hinsichtlich der Stratifikation einer Wassersäule einer Station zeigen. Dem Fachbereich fällt es hier anheim, diese dargestellten Zusammenhänge weiter zu vertiefen, und mit entsprechenden Begründungen die aufgeworfene These, wie z. B. ist die Temperatur in der Wassersäule für den PO4-und DIC-Gehalt entscheidend, zu unterlegen.

Clusterverfahren wurden bei diesem Fallbeispiel dafür eingesetzt, um zum einen Stationen ausfindig zu machen, die in ihrem Verhalten der Stratifikation verschiedener Parameter weit außerhalb des Verhaltens anderer Stationen stehen, aber auch, um den Parameterraum des Experimentaldatensatzes einzuschränken, und somit eine Selektion von Parametern für folgende Datenanalysen vorzunehmen.

6 Zusammenfassung und Ausblick

In der vorliegenden Dissertation wurde der Fragestellung nachgegangen, was zu beachten und zu bedenken ist, um Data Mining glaubwürdig, zuverlässig und verantwortlich durchzuführen.

Im Kapitel 2 werden zunächst Grundlagen und Begrifflichkeiten geklärt, bekannte Prozesse mit ihren Problemen aufgezeigt und Fallbeispiele analysiert. Wird von „Data Mining" gesprochen, so unterscheidet die Semantik einen enger und einen weiter gefassten Sinn. Im engeren Sinne steht der Begriff für die Datenanalysealgorithmen selbst, im weiteren Sinne umfasst der Begriff alle Schritte einer Datenanalyse, beginnend mit einer konkreten Problemstellung bis zur Verwertung eines potentiellen Ergebnisses. Im Rahmen dieser Arbeit fasse ich den Begriff „Data Mining" daher im weiteren Sinne auf. Um die Methodik DM in einen Kontext zu bringen, erfolgt eine Auseinandersetzung mit dem Begriff „Modell". Ein Modell ist eine Abstraktion von Aussagen und Zuständen einer Domäne. Ein Modell basiert auf entsprechenden Grundlagen, wird durch verschiedenste Methoden in Abhängigkeit eines Kontextes, mittels repräsentierender Artefakte, zu einem bestimmten Ziel und Zweck, sowie durch die das Modell verwendende Community entwickelt und konstruiert, und durch Methoden in einem entsprechende Einsatzgebiet verwendet. DM hilft als induktive Methode mit seinen Ergebnissen dabei, diese Modelle weiter zu erklären und entsprechend auszubauen. In Wissenschaft und Industrie sind Prozessmodelle zu finden, die als Grundlage zur Durchführung von DM-Projekten dienen sollen. Exemplarisch wurden daher in Abschnitt 2.2 zwei Prozesse hinsichtlich ihrer Stärken, Schwächen, Chancen und Risiken untersucht. Sowohl der von Fayyad, Shapiro und Smith als DM-Prozess, als auch der durch ein Industriekonsortium etablierte CRISP-DM-Prozess verfangen sich in ihrer Definition der Einzelschritte. Beiden gemeinsam sind z. B. die Einzelschritte *Data Preparation* oder der Prozessschritt *Data Analysis*, bei Fayyad et al. als *Data Mining* und bei CRISP-DM als *Modelling* bezeichnet. Diese Schritte sind jedoch nicht voneinander trennbar, und es ist zu erkennen, dass der Prozessschritt *Data Preparation* überladen ist. Der Teilschritt *Data Preparation* sollte lediglich die Bereitstellung eines bzw. mehrerer Datensätze für

© Springer Fachmedien Wiesbaden GmbH, ein Teil von Springer Nature 2018
K. Jannaschk, *Infrastruktur für ein Data Mining Design Framework*,
https://doi.org/10.1007/978-3-658-22040-2_6

die eigentliche DM-Analyse mittels eines vom Nutzer gewählten Werkzeuges übernehmen. Sämtliche Veränderungen an einem Datensatz sind bereits (Teil-)Ergebnisse, die ebenfalls Eingang in die Bewertung eines Endergebnisses finden müssen. Analysen von Fallbeispielen in Abschnitt 2.3 aus der Literatur zeigen, dass diese beiden genannten Prozessmodelle zwar als Anhaltspunkt für den Ablauf eines DM-Projektes gelten. Aufgrund des fehlenden Angabe eines konkreten Kontextes der jeweiligen Beispiele sind die Ergebnisse der Analysen schwer einzuordnen. Das Fehlen eines übergreifenden Verfahrensauswahlmodelles ist ein weiteres Manko im DM. So werden in den Projekten Verfahren angewendet, die entsprechend ihres zu erwartenden Ergebnismodelles etwas zur Beantwortung der ursprünglichen Fragestellung beitragen. Diese Wahl der Verfahren erfolgt unabhängig der Kenntnis, ob das Verfahren grundsätzlich für die entsprechend vorliegenden Daten selbst geeignet ist, sondern es wird der Ansatz des Versuchs und Irrtums gewählt.

Daher wurde in Kapitel 3 der Fragestellung nachgegangen, wie eine geeignete Strukturierung von DM erfolgen kann. Zunächst erfolgt die Betrachtung eines Problemlösungsprozesses (Michalewicz und Fogel (2004)), welcher ausgehend von einer Problemstellung mittels der Nutzung eines Suchraumes zu einer Lösung führt. Weiterhin wird der Designprozess (Alan R. Hevner u. a. (2004)) analysiert. Dieser Prozess beschreibt einen Entwicklungsprozess für Artefakte, um ausgehend von einer Zielstellung unter Berücksichtigung von Anforderungen und Voraussetzungen mittels eines Planes und der Nutzung verfügbarer Artefakte eine Umsetzung zu erreichen. Dabei wird die erreichte Lösung einer entsprechenden kontinuierlichen Validierung unterzogen, um durch Anpassung des Planes oder der zur Umsetzung benutzten Artefakte Verbesserungen im Ergebnis zu erzielen. Die im Prozess gewonnenen Erkenntnisse erweitern die Wissensbasis des Anwenders in Form von Theorien und Methoden und stehen weiteren Entwicklungen zur Verfügung. Zusammen mit den Aspekten des algorithmischen Lernverfahrens (Wer?, Was?, Woher?, der Hypothesenraum, das vorhandene Wissen, das Erfolgskriterium (Zeugmann (2005))) lässt sich aus diesen Konzepten das Data Mining Design entwickeln. Der Problemraum ergibt sich aus der Problemstellung und der vorhandenen Datenspezifikation. Aus der Vielzahl an Transformationsverfahren sowie Analysealgorithmen für Daten hat ein Anwender die Qual der Wahl, seine individuelle Prozesskette zu entwickeln und eine Lösung für seine Fragestellung zu finden. Nach einer entsprechenden Evaluation kann diese Lösung verwendet werden, oder der entsprechende Prozess wird von neuem aufgerollt, wobei die gewonnenen Erkenntnisse dem Anwender bei der erneuten Durchführung helfen.

DMD besteht somit aus den Ausgangsteilen Wissens-, Daten- und Konzeptraum, auf denen der Hypothesen- und Annahmenraum eines Anwenders beruht. Durch die Anwendung von entsprechenden Analyseverfahren unter Berücksichtigung eines Akzeptanzkriteriums können gefundene Muster zur Erweiterung von Modellen und letztlich zur Anreicherung von Theorien genutzt werden. Ein Ausbau dieses Ansatzes führt zum DMD-Framework bestehend aus drei Ebenen, der *User Driven Perspective, Model Driven Perspective*, sowie der *Data Driven Perspective*. Jeweils in der Ebene wird der Ausgangspunkt für das Wissensbedürfnis eines Anwenders dargestellt, werden jeweilige Methoden zur Wissenserlangung aufgezeigt, und finden sich entsprechende Lösungsmöglichkeiten. Der Wissensraum wird jeweils in der Ebene konkretisiert, ausgehend vom allgemeinen Wissensgebiet, über ein Modell aus dem Bereich, hin zu einem zu analysierenden Datensatz. Das Ergebnis jeder Ebene wird hingegen abstrahiert. So kann das via DMD-Prozess im Datensatz gefundene Muster das ursprüngliche Modell erweitern, was ggf. zu neuen Theorien im Wissensgebiet führt. Der Wissensraum der *Data Driven Perspective* wird gebildet aus dem Datensatz, dessen Attributen, und einem Schema, welches Zusammenhänge zwischen den Attributen und Daten erklärt. Fragestellungen dieser Ebene, die es zu klären gilt, lassen sich zurückführen auf Fragen, ob entsprechende Zusammenhänge des Schemas sich ebenfalls in den Daten finden, bzw. ob es Zusammenhänge in den Daten gibt, die im Schema nicht beschrieben sind. Um hierfür Antworten zu liefern, kann sich ein Anwender in einem DM-Prozess Verfahren aus vier Klassen bedienen. Diese Verfahren kommen aus den Klassen *Preparation*, welche einen Datensatz ändern, der Klasse *Exploration*, welche dem Anwender helfen, entsprechende Fragestellungen zu finden, der Klasse *Deskription*, mittels derer Schemaänderungen durchgeführt werden, und letztlich der Klasse *Prediktion*, die ausgehend von Datensatz, Schema und Annahmen entsprechend qualitativ bewertete Muster ermitteln.

Mit Kapitel 4 erfolgt eine Betrachtung der für Ebene *Data Driven Perspective* notwendigen Infrastrukturbausteine für das DM, da Grundlage für eine Datenanalyse ein konkreter Datensatz ist. Das Kapitel beginnt mit Betrachtungen zu den Themen Infrastruktur und naturwissenschaftlichem Arbeiten. Die von Chalmers, Bergemann und Altstötter-Gleich (2001) formulierten Bedingungen an die Wissenschaft werden auf das DM übertragen, sowie Anforderungen und Problemstellungen bei Experimenten aufgezeigt. Weiterhin wird sich vertiefend mit den Begriffen Datensatz, Datenraum und Datenqualität auseinandergesetzt. In Abschnitt 4.3 werden Charakteristiken für einen Datensatz dargestellt, um eine Einordnung eines Analyse-

satzes vornehmen zu können. Die grundsätzlichen Eigenschaften definieren
sich über den Inhalt, den Zweck, die Gruppierung, den Zusammenhang sowie das Abstraktionslevel der enthaltenen Datentupel. Ein Datensatz kann
mittels der Funktionalisierung seine Zustände hinsichtlich seiner Struktur,
basierend auf einem Datenbankschema, einer Menge von Typen, sowie einer
Menge statischer und dynamischer Integritätsbedingungen ändern. Gründe dafür sind Anforderungen im Bereich der Verfeinerung, der Kontextanreicherung sowie der Instantiierung. Sämtliche Veränderungen an einem
Datensatz beeinflussen ebenfalls die Datenqualität. Der Begriff Datenqualität umfasst zahlreiche Ansatzpunkte. Bekannte überprüf- und messbare
Größen sind hier z. B. die Anzahl der fehlenden Werte, oder Ausreißer in
Wertebereichen von Attributen. Es erfolgt daher ebenfalls eine Betrachtung
von einfachen Verfahren, um solche Datenmängel im Analyseprozess zu berücksichtigen. Um eine stimmige Interpretation eines Analyseergebnisses zu
erarbeiten, ist jedoch auch das Wissen darüber notwendig, an welchen Stellen im Datenentstehungsprozess diese Datenanomalien ihren Eingang in den
der Analyse zugrundeliegenden Datensatz fanden. Um den Weg von Daten
beginnend bei der Erfassung bis zur Verwendung in einer DM-Analyse abzubilden, und gleichzeitig das naturwissenschaftliche Arbeiten abseits automa-
tisierter Laborabläufe zu erleichtern, werden Ansätze an ein entsprechendes
Unterstützungssystem für den Wissenschaftler in Abschnitt 4.4 aufgezeigt.
Dies kann eine workflowbasierte Anwendung zur Unterstützung von Durchführungen von Experimenten sein, wobei zur Steigerung der Datenqualität entsprechende Qualitätskriterien bereits bei der Erfassung von Daten
überprüft werden müssen. Gerade bei Experimenten ergeben sich im Laufe der Zeit Änderungen in den Abläufen und Methoden. Der Frage des
Managements solcher Änderungsanforderungen wird nachgegangen. Hierzu erfolgt die Auflistung von Ursachen (*Unvollständigkeit, Unzulänglichkeit,
Abweichung von der Normalität, Kontextabhängigkeit*) von Änderungsanforderungen, sowie die Entwicklung von entsprechenden Lösungsansätzen samt
möglichen Qualitätsmaßstäben zur Überprüfung der Umsetzungen. Da Experimente in ihren Abläufen und Zielstellungen unterschiedlich sind, bedarf
es einer generischen Datenstruktur, um eine möglichst große Vielzahl von
Anwendungsfällen mit nur einem System abdecken zu können. Die an ein
solches System zu stellenden Anforderungen werden aufgezeigt, sowie eine
entsprechende Systemarchitektur vorgestellt. Es existieren zahlreiche Analysealgorithmen für das DM. Der Abschnitt 4.5 befasst sich daher mit den
Möglichkeiten zum Auffinden eines geeigneten Algorithmus für ein gege-
benes Analyseproblem. Es wird ein allgemeines Modell zur Verfahrensaus-

wahl vorgestellt, indem die Verfahren einerseits den Daten samt Ergebnis andererseits gegenüberstehen. Weiterhin wird ein Modell zur Charakterisierung von Verfahren erläutert. Wesentliche Bestandteile zur Charakterisierung sind die *Zielstellung*, die erwartete *Form des Musters*, die *intervariable Abhängigkeit*, die *Parameter*, sowie die Eigenschaften der *Attribute* eines zu analysierenden Datensatzes. Das vorgestellte allgemeine Modell zur Verfahrensauswahl wird nachfolgend für die zwei Verfahrensklassen mit deskriptiver bzw. prädiktiver Zielstellung verfeinert. Beispielhaft werden hierfür Modelle für die abhängigkeitsinduzierenden und abhängigkeitsbeschreibenden Verfahren entwickelt, und auf entsprechende Besonderheiten von Verfahren eingegangen. Abschließend erfolgt eine Modellierung von Eigenschaften zur Qualitätsbestimmung von gefundenen Mustern hinsichtlich *Generalisierbarkeit*, *Verständlichkeit*, *Validierung*, *Nutzbarkeit*, und *Neuartigkeit*.

Im Kapitel 5 werden die bisher vorgestellten Modelle im DMD auf zwei Fallbeispiele aus dem Bereich der Meeresforschung übertragen. Das erste Fallbeispiel beschäftigt sich mit der Entwicklung eines Modells zur Bestimmung der biologischen Wasserqualität in der Ostsee auf Grundlage des Benthos. Als Ansatz zur Beurteilung dieser Qualität wird der BQI auf Basis der in einer Bodenprobe der Ostsee bestimmten Anzahl von Lebewesen berechnet. Hierzu ist es durch den Wissenschaftler erforderlich, eine zeitaufwendige und fehleranfällige taxonomischen Bestimmung der Lebewesen auf der Ebene der Art durchzuführen. Auf Grundlage eines über Jahre so entstandenen Datensatzes wird in diesem Fallbeispiel ein Modell durch Klassifikation entwickelt. So wird gezeigt, dass bereits bei einer taxonomischen Bestimmung der Anzahl der Lebewesen auf der Ebene der Familie eine schnelle Möglichkeit vorhanden ist, eine Einschätzung zur biologischen Wasserqualität geben zu können. Ein zweites Fallbeispiel im Gebiet der maritimen Wissenschaften beschäftigt sich mit der Stratifikation von Wassersäulen an Messstationen in der Nordsee. Durch die Anwendung von Clusterverfahren wird eine Kategorisierung des Durchmischungsverhaltens der Messstationen hinsichtlich der erfassten Parameter erreicht. Verschiedene Parameter des Datensatzes lassen sich ebenfalls hinsichtlich ihrer Stratifikation untereinander vergleichen.

In der Arbeit wird ein Ansatz zur Einordnung des DM in den Kontext der Wissensgewinnung erreicht. Ebenfalls wird mit dem Modell zur Verfahrensauswahl ein Konzept geliefert, um die Vielzahl an existierenden Verfahren im DM kategorisieren und gezielt für die Verwendung auswählen zu können. An dieser Stelle ist jedoch abzusehen, dass dieses Modell erweitert werden muss, da derzeit nicht alle Verfahrensklassen und Verfahrensmodelle, z. B.

Regressionsverfahren oder Linkverfahren, berücksichtigt wurden. Weiterhin existiert derzeit ebenfalls kein geeignetes Modell zur Kategorisierung der Qualitätskriterien. Auch fehlen für einige dieser Qualitätskriterien objektive Messverfahren. Wünschenswert ist ebenfalls eine Umsetzung der Konzepte und Integration in entsprechende Produkte, z. B. existiert mit Apache Hadoop [1] ein Projekt, welches die verteilte Auswertung von großen Datenmengen unterstützt. Mit dem zugehörigen Teilprojekt Apache Mahout [2] existiert eine Bibliothek mit Algorithmen, doch fehlt die Unterstützung bei der Auswahl eines Analyseverfahrens für eine konkrete Problemstellung.

---

[1] http://hadoop.apache.org/
[2] http://mahout.apache.org/

Literatur

Agrawal, R. und R. Srikant (1994). „Fast Algorithms for Mining Association Rules in Large Databases". In: *Proceedings of the 20th International Conference on Very Large Data Bases.* VLDB '94. San Francisco, CA, USA: Morgan Kaufmann Publishers Inc., S. 487–499. ISBN: 1-55860-153-8.

Atkins, D.E. und National Science Foundation (U.S.). Blue-Ribbon Advisory Panel on Cyberinfrastructure (2003). *Revolutionizing Science and Engineering Through Cyberinfrastructure: Report of the National Science Foundation Blue-Ribbon Advisory Panel on Cyberinfrastructure.* National Science Foundation.

Batini, C. und M. Scannapieca (2006). *Data quality: concepts, methodologies and techniques.* Data-centric systems and applications. Springer. ISBN: 9783540331728.

Bienemann, Alexander (2008). „A generative approach to functionality of interactive information systems". Diss. CAU Kiel.

Booch, Grady, James Rumbaugh und Ivar Jacobson (Mai 1999). *Unified Modeling Language User Guide.* Addison-Wesley Professional. ISBN: 0321267974.

Borja, A, J Franco und V Pérez (2000). „A Marine Biotic Index to Establish the Ecological Quality of Soft-Bottom Benthos Within European Estuarine and Coastal Environments". In: *Marine Pollution Bulletin* 40.12, S. 1100–1114. ISSN: 0025-326X. DOI: 10.1016/S0025-326X(00)00061-8.

Borowski, Esther und Hans-J. Lenz (2008). „Design of a Workflow System to Improve Data Quality Using Oracle Warehouse Builder". In: *Journal Of Applied Quantitative Methods.*

© Springer Fachmedien Wiesbaden GmbH, ein Teil von Springer Nature 2018
K. Jannaschk, *Infrastruktur für ein Data Mining Design Framework,*
https://doi.org/10.1007/978-3-658-22040-2

Brusilovskiy, Pavel und David Johnson (2008). „Credit Risk Evaluation of Online Personal Loan Applicants: A Data Mining Approach". In: Buhr, Walter (2009). *Infrastructure of the Market Economy*. Volkswirtschaftliche Diskussionsbeiträge 132-09. Universität Siegen, Fakultät Wirtschaftswissenschaften, Wirtschaftsinformatik und Wirtschaftsrecht.

Cao, Longbing (2009). *Data mining and multi-agent integration*. eng. Dordrecht [u.a.]: Springer, XIII, 328 S. : graph. Darst. ISBN: 978-1-441-90521-5.

Chalmers, A.F., N. Bergemann und C. Altstötter-Gleich (2001). *Wege der Wissenschaft: Einführung in die Wissenschaftstheorie*. Springer Verlag GmbH. ISBN: 9783540674771.

Chapman, Pete u. a. (Aug. 2000). *CRISP-DM 1.0 Step-by-step data mining guide*. SPSS, NCR, DaimlerChrysler.

Cios, Krzysztof u. a. (2007). *Data Mining: A Knowledge Discovery Approach*. Springer Verlag.

Cross, N. (1999). „Design research: A disciplined conversation". In: *Design issues* 15.2, S. 5–10.

Cuevas-Vicenttín, Víctor u. a. (2012). „Scientific Workflows and Provenance: Introduction and Research Opportunities". English. In: *Datenbank-Spektrum* 12 (3), S. 193–203. ISSN: 1618-2162. DOI: 10. 1007/s13222-012-0100-z.

Dasu, T. und T. Johnson (2003). *Exploratory data mining and data cleaning*. Wiley series in probability and statistics. Wiley - Interscience. ISBN: 9780471268512.

Doerr, Martin, Siegfried Krause und Karl-Heinz Lampe (2010). *Definition des CIDOC Conceptual Reference Model: Version 5.0. 1.*, autor. durch die CIDOC CRM Special Interest Group (SIG). ICOM Deutschland.

Edelstein, Herbert (1999). *Introduction to data mining and knowledge discovery*. Two Crows Corporation. ISBN: 9781892095022.

Edwards, P. N. u. a. (2007). *Understanding Infrastructure: Dynamics, Tensions, and Design*. Techn. Ber.

Ester, Martin und Jörg Sander (2000). *Knowledge Discovery in Databases: Techniken und Anwendungen.* 1. Aufl. Springer Berlin Heidelberg. ISBN: 3540673288.

Even, Adir und G. Shankaranarayanan (Mai 2007). „Utility-driven assessment of data quality". In: *SIGMIS Database* 38.2, S. 75–93. ISSN: 0095-0033. DOI: 10.1145/1240616.1240623.

Farooq, Q., M. Riebisch und S. Lehnert (Apr. 2012). „A Taxonomy of Change Types and Its Application in Software Evolution". In: *2012 19th IEEE International Conference and Workshops on Engineering of Computer Based Systems (ECBS).* Bd. 00, S. 98–107. DOI: 10.1109/ECBS.2012.9.

Fayyad, U., G. Piatetsky-Shapiro und P. Smyth (1996a). „From Data Mining to Knowledge Discovery in Databases". In: *AI Magazine* 17, S. 37–54.

– (Nov. 1996b). „The KDD process for extracting useful knowledge from volumes of data". In: *Commun. ACM* 39.11, S. 27–34. ISSN: 0001-0782. DOI: 10.1145/240455.240464.

Fleischer, Dirk, A. Grémare u. a. (2007). „Performance comparison of two biotic indices measuring the ecological status of water bodies in the Southern Baltic and Gulf of Lions". In: *Marine Pollution Bulletin* 54.10, S. 1598–1606.

Fleischer, Dirk und Kai Jannaschk (Aug. 2011). „A path to filled archives". In: *Nature Geoscience* advance online publication. ISSN: 1752-0894. DOI: 10.1038/ngeo1248.

Fluri, Beat und Harald C. Gall (2006). „Classifying Change Types for Qualifying Change Couplings". In: *International Conference on Program Comprehension* 0, S. 35–45. DOI: http://doi.ieeecomputersociety.org/10.1109/ICPC.2006.16.

Frawley, William J., Gregory Piatetsky-Shapiro und Christopher J. Matheus (1992). „Knowledge Discovery in Databases: An Overview". In: *AI Magazine* 13.3, S. 57–70.

Gellman, Barton (Juni 2013). „U.S. surveillance architecture includes collection of revealing Internet, phone metadata". In: *The Washington Post.*

Geng, Liqiang und Howard J. Hamilton (2006). „Interestingness measures for data mining: A survey". In: *ACM Computing Surveys* 38.3, S. 9.

Gischer, Horst, Bernhard Herz und Lukas Menkhoff (2004). *Geld, Kredit und Banken.* Springer-Lehrbuch. Berlin [u.a.]: Springer. XVII, 362. ISBN: 3540407014.

Gremare, A. u. a. (2009). „Comparison of the performances of two biotic indices based on the MacroBen database". In: *Marine Ecology Progress Series* 382, S. 297–311.

Han, Jiawei und Micheline Kamber (2006). *Data mining: concepts and techniques.* San Francisco, CA, USA: Morgan Kaufmann Publishers Inc. ISBN: 1-55860-489-8.

Han, Jiawei, Jian Pei u. a. (Jan. 2004). „Mining Frequent Patterns without Candidate Generation: A Frequent-Pattern Tree Approach". In: *Data Min. Knowl. Discov.* 8.1, S. 53–87. ISSN: 1384-5810. DOI: `10.1023/B:DAMI.0000005258.31418.83`.

Hand, David J., Padhraic Smyth und Heikki Mannila (2001). *Principles of data mining.* Cambridge, MA, USA: MIT Press. ISBN: 0-262-08290-X.

Heinrich, L.J., A. Heinzl und R. Riedl (2010). *Wirtschaftsinformatik: Einführung und Grundlegung.* Springer-Lehrbuch. Springer Verlag. ISBN: 9783642154256.

Hevner, A. R. (2007). „The Three Cycle View of Design Science Research". In: *Scandinavian Journal of Information Systems* 19.2, S. 87–92.

Hevner, Alan R. u. a. (2004). „Design Science in Information Systems Research". English. In: *MIS Quarterly* 28.1, S. 75–105.

Hilario, Melanie, Alexandros Kalousis u. a. (2009). „A data mining ontology for algorithm selection and meta-mining". In: *Proceedings of the ECML/PKDD09 Workshop on 3rd generation Data Mining (SoKD-09) pp*, S. 76–87.

Hilario, Melanie, Phong Nguyen u. a. (2011). „Ontology-Based Meta-Mining of Knowledge Discovery Workflows". In: *Meta-Learning in Computational Intelligence*, S. 273–315.

Houkes, W. und P.E. Vermaas (2010). *Technical Functions: On the Use and Design of Artefacts*. Philosophy of Engineering and Technology. Springer. ISBN: 9789048138999.

Houkes, Wybo u. a. (2002). „Design and use as plans: an action-theoretical account". In: *Design Studies* 23.3, S. 303–320. ISSN: 0142-694X. DOI: 10.1016/S0142-694X(01)00040-0.

Hu, Xiaohua (Jan. 2005). „A Data Mining Approach for Retailing Bank Customer Attrition Analysis". In: *Applied Intelligence* 22 (1), S. 47–60. ISSN: 0924-669X. DOI: http://dx.doi.org/10.1023/B: APIN.0000047383.53680.b6.

Iso/ie, C. (1993). *ISO/IEC 2382-1:1993 Information Technology - Vocabulary - Part 1: Fundamental terms*. International Standard 2382-1. ISO (the International Organization for Standardization) und IEC (the International Electrotechnical Commission).

ISO/IEC (2006). *ISO/IEC 15504-5: Information Technology - Process Assessment - Part 5: An exemplar Process Assessment Model*. International Standard 15504-5. International Organization for Standardization und International Electrotechnical Commission.

Jain, Anil K. und Richard C. Dubes (1988). *Algorithms for clustering data*. Upper Saddle River, NJ, USA: Prentice-Hall, Inc. ISBN: 0-13-022278-X.

Jannaschk, Kai, Hannu Jaakkola und Bernhard Thalheim (2015). „Technologies for Databases Change Management". In: *New Trends in Database and Information Systems II*. Hrsg. von Nick Bassiliades u. a. Cham: Springer International Publishing, S. 271–285. ISBN: 978-3-319-10518-5.

Jannaschk, Kai und Tsvetelin Polomski (2010). „A Data Mining Design Framework - A Preview". In: *Advances in Databases and Information Systems*. Hrsg. von Barbara Catania, Mirjana Ivanović und Bernhard Thalheim. Berlin, Heidelberg: Springer Berlin Heidelberg, S. 571–574. ISBN: 978-3-642-15576-5.

– (2011). „Cluster Analysis Systematisation for Data, Model, and Knowledge Management". In: *Proceedings of the 21th European - Japanese Conference on Information Modelling and Knowledge Bases*. Bd. 2, S. 40–59.

Jannaschk, Kai, Claas Anders Rathje u. a. (2011). „A Generic Database Schema for CIDOC-CRM Data Management". In: *ADBIS 2011 Research Communications*, S. 127–136. ISBN: 978-3-85403-285-4.

Kargupta, Hillol, Byung-Hoon u. a. (1999). „Collective Data Mining: A New Perspective Toward Distributed Data Analysis". In: *Advances in Distributed and Parallel Knowledge Discovery*. AAAI/MIT Press, S. 133–184.

Kargupta, Hillol, Hillol Kargupta u. a. (1997). „Scalable, Distributed Data Mining Using An Agent Based Architecture". In: *Proceedings the Third International Conference on the Knowledge Discovery and Data Mining, AAAI Press, Menlo Park, California.* AAAI Press, S. 211–214.

Kidawara, Yutaka u. a. (2010). „Knowledge Modeling, Management and Utilization towards Next Generation Web". In: *Information Modelling and Knowledge Bases* XXI.

Klebe, Gerhard (2009). *Wirkstoffdesign.* Spektrum Akademischer Verlag.

Klusch, Matthias, Stefano Lodi und Gianluca Moro (2003). „Intelligent information agents". In: Hrsg. von Matthias Klusch u. a. Berlin, Heidelberg: Springer Verlag. Kap. Agent-based distributed data mining: the KDEC scheme, S. 104–122. ISBN: 3-540-00759-8.

Korch, H. (1972). *Die wissenschaftliche Hypothese.* VEB Deutscher Verlag der Wissenschaften.

Kozima, Hideo (2006). *Science of the Cold Fusion Phenomenon: In Search of the Physics and Chemistry behind Complex Experimental Data Sets; electronic version.* San Diego, CA: Elsevier.

Kronlöf, Klaus (1993). *Method integration: concepts and case studies.* New York, NY, USA: John Wiley & Sons, Inc. ISBN: 0-471-93555-7.

Laak, Dirk van (1999). „Der Begriff „Infrastruktur" und was er vor seiner Erfindung besagte". In: *Archiv für Begriffsgeschichte* 41, S. 280–299. ISSN: 00038946.

Leonhard, K.W. und P. Naumann (2002). *Managementsysteme - Begriffe.: Ihr Weg zu klarer Kommunikation.* DGQ-Band. Beuth. ISBN: 9783410329510.

Lidwell, W., K. Holden und J. Butler (2010). *Universal principles of design: 125 ways to enhance usability, influence perception, increase appeal, make better design decisions, and teach through design.* Rockport Publishers. ISBN: 9781592535873.

Little, R J A und D B Rubin (2002). *Statistical analysis with missing data (second edition).* Chichester: Wiley.

Luengo, Julián, Salvador García und Francisco Herrera (2012). „On the choice of the best imputation methods for missing values considering three groups of classification methods". English. In: *Knowledge and Information Systems* 32.1, S. 77–108. ISSN: 0219-1377. DOI: 10.1007/s10115-011-0424-2.

Macaskill, Ewen u. a. (Juni 2013). „GCHQ taps fibre-optic cables for secret access to world's communications". In: *The Guardian.*

May, Keith, Paul Cripps und John Vallender (2004). *Appendix A: Ontological Model of Centre for Archaeology Information Domain (V9).* DOI: http://dx.doi.org/10.13140/RG.2.2.29322.06084.

McCarthy, John (1993). „Notes on Formalizing Context". In: *Proceedings of the 13th International Joint Conference on Artifical Intelligence - Volume 1.* IJCAI'93. Chambery, France: Morgan Kaufmann Publishers Inc., S. 555–560.

Michalewicz, Zbigniew und David B. Fogel (Dez. 2004). *How to Solve It: Modern Heuristics.* Enlarged 2nd. Springer. ISBN: 9783540224945.

Murphy, Gregory L. (März 2002). *The Big Book of Concepts.* The MIT Press.

Nelson, Bryn (2009). „Data sharing: Empty Archives". In: *Nature* 461, S. 160–163.

Noonan, Jack (Juli 2000). „Data Mining Strategies". In: *DM Review.* http://www.dmreview.com/.

Olson, J.E. (2003). *Data quality: the accuracy dimension.* The Morgan Kaufmann Series in Data Management Systems. Morgan Kaufmann. ISBN: 9781558608917.

Petersohn, H. (2005). *Data Mining: Verfahren, Prozesse, Anwendungsarchitektur.* Oldenbourg. ISBN: 9783486577150.

Quinlan, J. Ross (Okt. 1992). *C4.5: Programs for Machine Learning (Morgan Kaufmann Series in Machine Learning)*. 1. Aufl. Morgan Kaufmann. ISBN: 9781558602380.

Redman, Thomas C. (1996). *Data quality for the information age.* Artech House, S. I–XXIV, 1–303. ISBN: 978-0-89006-883-0.

– (2001). *Data quality : the field guide.* Boston: Digital Pr. [u.a.] ISBN: 1-55558-251-6.

Reif, Matthias u. a. (2012). „Automatic classifier selection for nonexperts". English. In: *Pattern Analysis and Applications*, S. 1–14. ISSN: 1433-7541. DOI: 10.1007/s10044-012-0280-z.

Renear, Allen H., Simone Sacchi und Karen M. Wickett (2010). „Definitions of ¡i¿dataset¡/i¿ in the scientific and technical literature". In: *Proceedings of the 73rd ASIS&T Annual Meeting on Navigating Streams in an Information Ecosystem - Volume 47*. ASIS&T '10. American Society for Information Science, 81:1–81:4.

Rice, John R. (1976). „The Algorithm Selection Problem". In: *Advances in Computers* 15, S. 65–118.

Rosenberg, Rutger u. a. (2004). „Marine quality assessment by use of benthic species-abundance distributions: a proposed new protocol within the European Union Water Framework Directive". In: *Mar Pollut Bull* 49.9-10, S. 728–739.

Russell, S.J. und P. Norvig (2010). *Artificial Intelligence: A Modern Approach.* Prentice Hall Series in Artificial Intelligence. Prentice Hall. ISBN: 9780136042594.

Schneider, Reto U. (Feb. 2012). *Knallharte Recherche im Striplokal.* Spiegel Online.

Sebastian-Coleman, Laura (2013). *Measuring Data Quality for Ongoing Improvement: A Data Quality Assessment Framework.* Morgan Kaufmann. 225 Wyman Street, Waltham, MA 02451, USA: Elsevier Science & Technology Books. ISBN: 9780123970336.

Simon, H.A. (1996). *The sciences of the artificial.* MIT Press. ISBN: 9780262691918.

Srikant, Ramakrishnan und Rakesh Agrawal (1995). „Mining Generalized Association Rules". In: *Proceedings of the 21th International Conference on Very Large Data Bases*. VLDB '95. San Francisco,

CA, USA: Morgan Kaufmann Publishers Inc., S. 407–419. ISBN: 1-55860-379-4.

– (Juni 1996). „Mining quantitative association rules in large relational tables". In: *SIGMOD Rec.* 25.2, S. 1–12. ISSN: 0163-5808. DOI: 10.1145/235968.233311.

Star, Susan Leigh und Karen Ruhleder (1994). „Steps towards an ecology of infrastructure: complex problems in design and access for large-scale collaborative systems". In: *Proceedings of the 1994 ACM conference on Computer supported cooperative work*. CSCW '94. ACM, S. 253–264. ISBN: 0-89791-689-1. DOI: 10.1145/192844.193021.

Stevens, S.S. (1946). *On the Theory of Scales of Measurement.* Bobbs-Merrill Reprint Series in the Social Sciences, S515.

Stonebraker, Michael u. a. (2007). „The End of an Architectural Era: (It's Time for a Complete Rewrite)". In: *Proceedings of the 33rd International Conference on Very Large Data Bases*. VLDB '07. Vienna, Austria: VLDB Endowment, S. 1150–1160. ISBN: 978-1-59593-649-3.

Swoyer, Chris und Francesco Orilia (2011). „Properties". In: *The Stanford Encyclopedia of Philosophy*. Hrsg. von Edward N. Zalta. Winter 2011.

Tan, Pang-Ning, Vipin Kumar und Jaideep Srivastava (2004). „Selecting the right objective measure for association analysis". In: *Information Systems* 29.4, S. 293–313.

Tan, Pang-Ning, Michael Steinbach und Vipin Kumar (2006). *Introduction to Data Mining, (First Edition)*. Boston, MA, USA: Addison-Wesley Longman Publishing Co., Inc. ISBN: 0321321367.

Tenopir, Carol u. a. (Juni 2011). „Data Sharing by Scientists: Practices and Perceptions". In: *PLoS ONE* 6.6, e21101+. ISSN: 1932-6203. DOI: 10.1371/journal.pone.0021101.

Thalheim, Bernhard (2000). *Entity-Relationship Modeling: Foundations of Database Technology*. Secaucus, NJ, USA: Springer Verlag New York, Inc. ISBN: 3540654704.

– (2013). „The Conception of the Model". In: *Business Information Systems*. Hrsg. von Witold Abramowicz. Berlin, Heidelberg: Springer Berlin Heidelberg, S. 113–124. ISBN: 978-3-642-38366-3.

Thalheim, Bernhard und Klaus-Dieter Schewe (2010). „NULL 'Value' Algebras and Logics". In: *Information Modelling and Knowledge Bases XXII*, S. 354–367. DOI: http://dx.doi.org/10.3233/978-1-60750-690-4-354.

Thomas, Helmuth (2002). *The continental shelf pump hypothesis: A pilot study in the North Sea (CANOBA), shipboard report of the RV Pelagia cruises 64PE184, 64PE187, 64PE190 and 64PE195.* Techn. Ber. Royal Netherlands Institue for Sea Research (NIOZ).

Treloar, Andrew E. und Ross Wilkinson (2008). „Rethinking Metadata Creation and Management in a Data-Driven Research World". In: *2008 IEEE Fourth International Conference on eScience (ESCIENCE)*, S. 782–789.

Wang, Richard Y. und Diane M. Strong (März 1996). „Beyond accuracy: what data quality means to data consumers". In: *J. Manage. Inf. Syst.* 12.4, S. 5–33. ISSN: 0742-1222.

WFD (2000). „DIRECTIVE 2000/60/EC of the European Parliament and of the Council of 23 October 2000 establishing a framework for Community action in the field of water policy or, in short, the EU Water Framework Directive". In: *Official Journal of the European Communities* L 327.1, S. 1–72.

Wolfs, Frank L. H. (2010). *APPENDIX E: Introduction to the Scientific Method.*

Wu, Xindong u. a. (Dez. 2007). „Top 10 algorithms in data mining". In: *Knowl. Inf. Syst.* 14 (1), S. 1–37. ISSN: 0219-1377. DOI: http://dx.doi.org/10.1007/s10115-007-0114-2.

Xu, Rui und Don Wunsch (2009). *Clustering.* Wiley-IEEE Press. ISBN: 9780470276808.

Yang, Qiang und Xindong Wu (2006). „10 Challenging Problems in Data Mining Research". In: *International Journal of Information Technology & Decision Making* 5.4, S. 597–604.

Zaki, Mohammed J. und Ching-Jui Hsiao (2005). „Efficient Algorithms for Mining Closed Itemsets and Their Lattice Structure".

In: *IEEE TRANSACTIONS ON KNOWLEDGE AND DATA EN-GINEERING* 17, S. 2005.

Zaki, Mohammed J u. a. (1997). *New Algorithms for Fast Discovery of Association Rules.* Techn. Ber. Rochester, NY, USA.

Zeugmann, Thomas (2005). *TCS-TR-B-05-01 Course Notes on Theory and Practice of Algorithms Part I: Algorithmic Learning.*

A Analyseverfahren

Es erfolgt eine Vorstellung von bekannten Verfahren anhand von Beispielen. Auf Probleme und Risiken bei der Anwendung der Verfahren wird hingewiesen.

A.1 Assoziationsverfahren

Beginnend erfolgt eine Betrachtung von Verfahren der Assoziationsanalyse.

Beispiel 1 *Zur Illustration der vorgestellten konkreten Verfahren der Assoziationsanalyse sei folgender Datensatz in relationaler Darstellung in Tabelle A.1 mit einer Menge von Beobachtungen $\{a, b, c, d, e\}$, beschrieben durch Attribute $\{A, B, C, D, E, F, G, H, I\}$, gegeben.*

Tabelle A.1: Beispieldatensatz für die Assoziationsanalyse

BeobachtungId	A	B	C	D	E	F	G	H	I
a	1	0	1	1	0	0	0	0	1
b	1	1	1	0	0	1	1	1	0
c	0	1	0	1	0	1	0	0	0
d	1	0	1	0	0	1	0	1	1
e	1	0	1	0	1	1	1	1	1

Weiterhin sei für die Assoziationsanalyse der Minimalsupport $sup_{min} = 0.6$ angenommen.

Algorithmen Die Generierung einer Menge von Implikationen $\mathcal{I}$ besteht aus zwei Teilschritten.

1. Generierung der Menge von frequenten Attributmengen $\mathcal{FA}$, mit $\forall FA \in \mathcal{FA} : sup(FA) \geq sup_{min}$

2. Erzeugung von Implikationen I aus den zuvor ermittelten frequenten Attributmengen mit $conf(I) \geq conf_{min}$

© Springer Fachmedien Wiesbaden GmbH, ein Teil von Springer Nature 2018
K. Jannaschk, *Infrastruktur für ein Data Mining Design Framework*,
https://doi.org/10.1007/978-3-658-22040-2

Der einfachste systematische Ansatz zum Finden von Implikationen ist
die Bildung der Potenzmenge aller verfügbaren Attribute $\mathcal{P}(A)$. Für jede
Teilmenge von Attributen wird separat der Support und für jede Implikation basierend auf dieser Teilmenge von Attributen die Konfidenz für den
analysierten Datensatz ermittelt. Dieser Ansatz ist aufgrund des benötigten
Rechenaufwands nicht sinnvoll.

Entsprechend bieten sich verschiedene Ansätze zur Verbesserung an. Zum
Einen ist nicht jede Attributemenge eine hinreichend frequente Attributmenge für eine Implikation, zum Anderen kann durch den Einsatz von ver-
besserten Datenstrukturen für den zu analysierenden Datensatz als auch
die Verwaltung der Attributemengen der Aufwand für die Bestimmung des
Supports minimiert werden.

Apriori-Algorithmus Einer der Top10-Algorithmen im DM-Bereich
ist nach Wu u. a. (2007) der Apriori-Algorithmus. Dieser wurde von R. Agrawal und R. Srikant (1994) entwickelt.

Erleichternd für die Generierung von Mengen von Attributen ist das
„Apriori-Prinzip", eine Monotonieeigenschaft:

Theorem 1 *Sofern eine Menge von Attribute FA eine frequente Attribut-
menge $FA \in \mathcal{FA}$ ist, so ist jede nichtleere Teilmenge $FA' \subset FA, FA' \neq \emptyset$
eine frequente Attributmenge $FA' \in \mathcal{FA}$.*

Um die Menge der frequenten Attributmengen $\mathcal{FA}$ für eine gegebene Attributmenge A zu bestimmen, werden Kandidatenmengen $C \subset A$ bestimmt.
Der Ablauf des Algorithmus erfolgt in drei Schritten:

- Erzeuge Kandidatenmengen $|C|_{k+1}$; $|C|_{k+1} \subset A$ der Länge $k+1$ aus den
  frequenten Attributmengen $|A|_k \in \mathcal{FA}$ der Länge k.

- Ermittle für jede Kandidatenmenge $|C|_k$ den Support $sup(|C|_k)$ im ana-
  lysierten Datensatz.

- Füge diejenigen Kandidatenmengen $|C|_k$ der Menge der frequenten At-
  tributmengen $\mathcal{FA}$ hinzu, die den gegebenen Schwellwert für den Support
  $sup(|C|_k) \geq sup_{min}$ erfüllen.

Das Listing des Grundalgorithmus findet sich in Algorithmus 1.

Besondere Beachtung erfährt die Funktion „apriori_gen" (Algorithmus 2)
zur Erzeugung der Kandidatenmengen $|C|_{k+1}$ aus den Attributmengen der

---

Algorithm 1: Apriori Algorithmus

input : Datensatz DS als Menge von Beobachtungen B,
Schwellwert sup_{min}

output: $\bigcup FA, sup(FA) > sup_{min}$

1   $|FA|_1 = \{$Menge der frequenten Attributmengen der Laenge 1$\}$

2   **for** $k = 1; |FA|_k \neq \emptyset; k++$ **do**

3     $|C|_{k+1} = $ apriori_gen$(|FA|_k)$;   `// Kandidatenmenge der`
      `Laenge` $k+1$

4   **forall** $B \in DS$ **do**

5       $|C|'_b = subset(|C|_{k+1}, B)$ `/* Kandidatenmengen, die in`
        `der Beobachtung enthalten sind */`

6   **forall** $c \in |C|'_b$ **do**

7   `c.count++`

8       $|FA|_{k+1} = \{c \in |C|_{k+1} | \frac{c.count}{|DS|} \geq sup_{min}\}$

9   **return** $\bigcup_k |FA|_k$

---

frequenten Attributmengen $\mathcal{FA}$. Hierbei werden zunächst neue Attributmengen durch einen Join der frequenten Attributmengen der Länge k erzeugt. Durch ein nachfolgendes Pruning werden die erzeugten Kandidatenmengen entfernt, bei denen mindestens eine Teilmenge der Länge k nicht den bekannten frequenten Attributmengen $|FA|_k$ angehört.

Die Funktion „subset" durchsucht eine Beobachtung b_{id} nach allen möglichen Kandidaten der Kandidatenmenge $|C|_{k+1}$, um die absolute Häufigkeit des Kandidaten im Datensatz zu bestimmen.

Ein Nachteil dieses Algorithmus ist, dass zur Ermittlung eines jeden Supports einer Kandidatenmenge $|C|_k$ der gesamte zu analysierende Datensatz gescannt wird. Negativ auf die Ermittlung der letztlichen frequenten Attributmenge $\mathcal{FA}$ wirken sich eine hohe Anzahl von frequenten Attributmengen $|A|_k$ unterschiedlicher Länge k, sowie frequente Attributmengen $|A|_k$ einer großen Länge k und einem niedrig gewählten Schwellwert sup_{min} aus.

Beispiel 2 *Es wird der Apriori-Algorithmus auf den Datensatz aus Beispiel 1 angewendet. Zunächst erfolgt die Bestimmung des Supports für die Kandidatenmenge $|C|_k$ der Länge $k = 1$. Sofern der Support des Kandidaten $|C|_k$ den Minimalsupport $sup(|C|_k) \geq sup_{min}$ erfüllt, ist der Kandidat*

Algorithm 2: Funktion „apriori_gen(Kandidatenmenge $|FA|_k$)"

---
input : Kandidatenmenge $|FA|_k$
1    $|C|_{k+1} = \emptyset$
2   **forall** $P, Q \in |FA|_k, P \neq Q$ **do**
3       $P = \{p_1, p_2, \ldots, p_{k-1}, p_k\}$
4       $Q = \{q_1, q_2, \ldots, q_{k-1}, q_k\}$
5   **if** $\{p_1, p_2, \ldots, p_{k-1}\} = \{q_1, q_2, \ldots, q_{k-1}\}$ **then**
6          $C = \{p_1, p_2, \ldots, p_{k-1}, p_k, q_k\}$
7   **if** $\forall |R|_k \subset C : |R|_k \in |FA|_k$ **then**
8             $|C|_{k+1} = |C|_{k+1} \cup C$

9   **return** $|C|_{k+1}$

---

eine frequente Attributmenge $|C|_k \in \mathcal{FA}$. Die Ergebnisse der Anwendung auf den Beispieldatensatz sind in Tabelle A.2 abgebildet.

Tabelle A.2: frequente Attributmengen $|FA|_1$

Kandidatenmenge $|C|_1$	A	B	C	D	E	F	G	H	I
Support $sup(|C|_1)$	4	2	4	1	1	4	2	3	3
freq. Attributmenge $|FA|_1$	A		C			F		H	I

Nachfolgend wird die Kandidatenmenge $|C|_k$ der Länge $k = 2$ gebildet. Die Anwendung der Join-Operation über den frequenten Attributmengen der Länge $k-1$ erzeugt die Kandidaten $|C|_k := |FA|_{k-1} \bowtie |FA|_{k-1}; |FA|_{k-1} \in \mathcal{FA}, k = 2$. Ein Pruning der Kandidaten ergibt keine Veränderung der Kandidatenmenge, da nur frequente Attributmengen für den Join herangezogen werden. So enthält jede Teilmenge eines Kandidaten der Länge $k = 2$ nur frequente Teilattributmengen der Länge $k = 1$. Die Ergebnisse sind in Tabelle A.3 abgebildet.

Tabelle A.3: frequente Attributmengen $|FA|_2$

Kandidatenm. $|C|_2$	AC	AF	AH	AI	CF	CH	CI	FH	FI	HI
Support $sup(|C|_2)$	4	3	3	3	3	3	3	3	2	2
freq. Attributm. $|FA|_2$	AC	AF	AH	AI	CF	CH	CI	FH		

Die Kandidatenmenge $|C|_k$ der Länge $k = 3$ wird im folgenden Schritt gebildet. Die Kandidaten $|C|_k := |FA|_{k-1} \bowtie |FA|_{k-1}; |FA|_{k-1} \in \mathcal{FA}, k = 3$ werden durch die Anwendung der Join-Operation über den frequenten Attributmengen der Länge $k - 1$ erzeugt. Ein nachfolgendes Pruning ist notwendig. Beim Pruning wird geprüft, ob jede Teilmenge $|A|_{k-1} \subset |C|_k$ eine frequente Attributmenge $|A|_{k-1} \in \mathcal{FA}$ ist. Sofern eine Teilmenge im Kandidaten diese Eigenschaft nicht erfüllt, erfolgt keine Ermittlung des Supports des Kandidaten im Datensatz, da die Apriori-Eigenschaft nicht erfüllt ist. Die Ergebnisse sind in Tabelle A.4 abgebildet.

Tabelle A.4: frequente Attributmengen $|FA|_3$

Kandidatenm. $|C|_3$	ACF	ACH	ACI	AFH	AFI	AHI	CFH	CFI	CHI
nichtfreq. Teilmenge $|C|_2$					FI	HI		FI	HI
Support $sup(|C|_3)$	3	3	3	3			3		
freq. Attributm. $|FA|_3$	ACF	ACH	ACI	AFH			CFH		

Die Kandidatenmenge $|C|_k$ der Länge $k = 4$ wird im folgenden Schritt gebildet. Die Kandidaten $|C|_k := |FA|_{k-1} \bowtie |FA|_{k-1}; |FA|_{k-1} \in \mathcal{FA}, k = 4$ werden durch die Anwendung der Join-Operation über den frequenten Attributmengen der Länge $k - 1$ erzeugt. Ein nachfolgendes Pruning ist notwendig. Die Ergebnisse sind in Tabelle A.5 abgebildet.

Tabelle A.5: frequente Attributmengen $|FA|_4$

Kandidatenmenge $|C|_4$	ACFH	ACFI
nichtfreq. Teilmenge $|C|_4$		AFI
Support $sup(|C|_4)$	3	
freq. Attributmenge $|FA|_4$	ACFH	

Eine weitere Betrachtung von Kandidatenmengen $|C|_k$ der Länge $k > 4$ ist nicht durchführbar.

Die Gesamtmenge der frequenten Attributmengen $\mathcal{FA}$ ergibt sich somit aus der Vereinigung der frequenten Attributmengen $\mathcal{FA} = |FA|_1 \cup |FA|_2 \cup |FA|_3 \cup |FA|_4$.

FP-Growth Ein Verfahren frequente Attributmengen aus einem Datensatz zu ermitteln, ohne durch eine Generierung von Kandidatenmengen eine Vielzahl von Datenscans hervorzurufen, haben Han, Pei u. a. (2004) mit dem Algorithmus „FP-Growth" vorgestellt.

Der Algorithmus nutzt zur Speicherung der potentiellen frequenten At-
tributmengen eine eigene Datenstruktur, den frequent-pattern Tree bzw.
FP-Tree.
Ein FP-Tree definiert sich wie folgt:

- Ein FP-Tree besteht aus einer Wurzel mit Label „null", einer Menge von
  Präfix-Bäumen als Kinder der Wurzel, sowie einer Header Table HT mit
  frequenten Attributmengen $|FA|_1$.

- Jeder Knoten n eines Präfix-Baumes enthält drei Informationen: ein Label
  l für ein Attribut, einen Zähler c, und einen Knotenlink nl. Jedes Label
  l symbolisiert ein Attribut $a \in |A|_1$. Der Zähler c zeigt an, wie häufig
  ein repräsentiertes Attribut a in einem Pfad von der Wurzel bis zum
  Knoten n im analysierten Datensatz DS enthalten ist. Der Knotenlink
  nl verweist auf einen weiteren Knoten n' im FP-Tree, welcher das Attribut
  a repräsentiert und durch einen anderen Pfad im FP-Tree erreicht wird.

- Jeder Eintrag in der Header Table HT enthält zwei Informationen, ein
  Label für eine frequente Attributmenge $|FA|_1$, sowie einen Link zum ers-
  ten Knoten im FP-Tree, der mit diesem Label gekennzeichnet ist.

Ein FP-Tree wird nach dem folgende Algorithmus 3 erstellt. In einem ers-
ten Scan des Datensatzes werden die frequenten Attributmengen $|FA|_1$ der
Länge $k = 1$ zusammen mit ihrem jeweiligen absoluten Support bestimmt.
Diese Attributmengen ergeben absteigend nach dem jeweiligen Support sortiert den Header Table des FP-Tree. Nachfolgend werden die einzelnen Beob-
achtungen $b_{id} \in DS$ ein zweites Mal betrachtet und aus der Attributmenge
A jeder Beobachtung b_{id} die Teilmenge mit identisch zur Header Table sor-
tierten frequenten Attributmengen extrahiert. Jede extrahierte Teilmenge
wird dem FP-Tree hinzugefügt.
Um eine extrahierte Teilmenge von Attributen einer Beobachtung in den
FP-Tree einzufügen, wird entsprechend der Reihenfolge der Elemente der
Menge ein Pfad im FP-Tree von der Wurzel an gesucht. Sofern ein solcher
Pfad existiert, werden die Zähler des Trees je Element der Teilmenge inkrementiert. Existiert kein solcher Pfad bzw. es wird ein Element in der
Teilmenge erreicht, welches im beschrittenen Pfad im FP-Tree nicht ent-
halten ist, wird ein neuer Knoten mit dem entsprechenden Label und dem
Zähler „1" im FP-Tree erzeugt. Der Knotenlink ist null. Die Funktion „no-
deLink(p, fp, newNode)" (Algorithmus 4) ermittelt ausgehend vom Header
Table den letzten Knoten im FP-Tree mit identischem Label. Sofern vorhanden wird der Knotenlink dieses gefundenen Knotens auf den neuen Knoten

---

Algorithm 3: Konstruktion FP-Tree

---

input : Datensatz DS mit Menge von Beobachtungen B,
Schwellwert sup_{min}
output: zum Datensatz passender FP-Tree fp

1 Ermittlung der frequenten Attributmengen $|FA|_k$ der Länge
   $k = 1$, zusammen mit absoluter Häufigkeit in der Menge der
   Beobachtungen

2 Eine absteigende Sortierung von $|FA|_1$ ergibt die Header Table
   HT des FP-Tree

3 FP-Tree fp mit Wurzel
   $root : root.l = null, root.c = 0, root.nl = null$

4 **forall** $b_{id} \in DS$ **do**

5     $P : |A|_k \subset B; \forall A \subset |A|_k : A \in |FA|_1$ /* Attributmenge
      einer Beobachtung, die aus frequenten
      Attributmengen der Länge 1 besteht   */

6   Sortiere die Elemente von P absteigend sortiert entsprechend
      der Header Table HT

7     $P := [p|P]$ /* p ist das Element mit dem höchsten
      Support entsprechend HT, P ist Suffix von p */

8     $insertFPTree([p|P], fp, root)$

9 **return** fp

---

gesetzt, bzw. wird der Link vom Element mit dem betrachteten Label im Header Table auf den neuen Knoten gesetzt.

Der FP-Tree ist eine komprimierte Darstellung aller Beobachtungen des Ausgangsdatensatzes zu einem gegebenen Minimalsupport, ohne Informationen über die in einer Beobachtung enthaltenen frequenten Attributmengen zu verlieren. Sofern alle Beobachtungen nur aus frequenten Attributmengen bestehen, benötigt allerdings der FP-Tree mehr Speicherplatz aufgrund des Header Tables.

Nach Erstellung des FP-Trees können die frequenten Attributmengen erzeugt werden, wie in Algorithmus 5 abgebildet. Sofern der FP-Tree aus einem einzigen Pfad besteht, ergibt sich die frequente Attributmenge aus allen möglichen Kombinationen der in diesem Pfad enthaltenen Knotenla-

---

Algorithm 4: Funktion „insertFPTree(Attributmenge $[p|P]$, FP-Tree fp, Knoten n)"

---

input : Attributmenge $[p|P]$, FP-Tree fp, Knoten n

1 **if** $\exists child$ *des Knoten* n: $child.l = p$ **then**

2 | $child.c + +$

3 | $n = child$

4 **else**

5 | $newNode$: $newNode.l = p, newNode.c = 1, newNode.nl = nodeLink(p, fp, newNode)$

6 | $n.addNode(newNode)$

7 |_ $n = newNode$

8 **if** $P \neq \emptyset$ **then**

9 |_ $insertFPTree([P], fp, n)$

---

bel. Besteht der Baum aus verschiedenen Zweigen, werden die frequenten Attributmengen in Abhängigkeit von der Sortierung der Header Table erstellt. Ausgehend vom niedrigsten Element in der Header Table werden alle Pfade von der Wurzel bis zum Vater des Knotens mit dem fokussierten Label im FP-Tree gesucht. Diese Pfade werden als „Conditional Pattern Base" bezeichnet. Zum Auffinden der Pfade werden die Knotenlinks beginnend im Header Table genutzt. Für jeden Eintrag im Header Table wird ein eigener FP-Tree, der „Conditional FP-Tree", ausgehend von den gefundenen Conditional Pattern erstellt, in welchem die Pfade aus dem ursprünglichen FP-Tree separat eingetragen werden. Die Zähler der Knoten im Conditional FP-Tree werden bei Durchlauf nicht nur einfach inkrementiert, sondern erhöhen sich um den Zählerstand des Knotens mit dem betrachteten Label aus dem ursprünglichen FP-Tree. Da zur Vorbereitung des Conditional FP-Tree eine entsprechende Header Table erzeugt wird, werden die frequenten Attributmengen der Länge 1 auf Grundlage der Conditional Pattern Base bestimmt. Erfüllen Attributmengen der Länge „1" den gegebenen minimalen Support nicht, werden sie aus den Conditional Pattern entfernt. Bei der Auswertung des Conditional FP-Trees können daher die frequenten Attributmengen erzeugt werden, die mit dem betrachteten Label enden.

Algorithm 5: Funktion „FP-Growth(FP-Tree fp, Attributmenge α)"

---

input : FP-Tree fp, frequente Attributmenge α
output: frequente Attributmenge A

1 **if** fp *ist einfacher Pfad* P **then**
2   generiere für jede Kombination β von Knoten $n \in P$ Attributmengen $A : \beta \cup \alpha$ mit $sup(A) = min\{n.c\}$
3 **else**
4   **forall** $a_i \in ht$ **do**
5   generiere Attributmenge $\beta = a_i \cup \alpha$ mit $sup(\beta) = sup(a_i)$
6   Tree fp_β = generateConditionalTree(β)
7   **if** *Tree* $fp_\beta \neq \emptyset$ **then**
8   FP-Growth(fp_β, β)

Beispiel 3 *Es wird der FP-Growth-Algorithmus auf den Datensatz aus Beispiel 1 angewendet.*

Zunächst gilt es, die frequente Attributmengen $|FA|_k$ der Länge $k = 1$ aus dem Datensatz herauszufiltern, und entsprechend absteigend der absoluten Häufigkeit zu sortieren. Diese Sortierung bedingt ebenfalls den Aufbau der Header Table (Tabelle A.6) für den FP-Tree.

Tabelle A.6: Header Table der frequenten Attributmengen $|FA|_1$

freq. Attributmenge $|FA|_1$	absolute Häufigkeit
A	4
C	4
F	4
H	3
I	3

Die Menge der Beobachtungen wird durchlaufen, die je darin enthaltenen Attribute gefiltert und entsprechend dem Header Table sortiert. Die aus der jeweiligen Beobachtung extrahierte Teilmenge der Attribute wird in den FP-Tree eingefügt. Das Filtern der Beobachtung „a" ergibt somit eine Teilmenge mit den Attributen „ACI". Diese Beobachtung ist der erste Eintrag in den

FP-Tree. Es wird entsprechend je Element der Teilmenge ein Knoten mit dem Label des Attributes und dem Zähler „1" erzeugt. Die entsprechenden Knotenlinks der Einträge aus dem Header Table werden auf die jeweiligen neuen Knoten im FP-Tree gesetzt. Nach dem Einfügen ergibt sich der FP-Tree wie in Abbildung A.1.

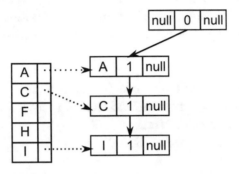

Abbildung A.1: Einfügen der Beobachtung „a"

Aus der Beobachtung „b" wird die sortierte Teilmenge „ACFH" gefiltert. Beim Einfügen in den vorhandenen FP-Tree stimmt der Beginn der Teilmenge „AC" mit dem Anfang des vorhandenen Zweiges überein. Beim Passieren der Knoten im FP-Tree je Listeneintrag „A" und „C" werden daher die jeweiligen Zähler inkrementiert. Der Listeneintrag „F" ist nicht Kind des Knoten „C", so dass als Kind des Knotens mit dem Label „C" ein neuer Knoten mit dem Label „F" und Zähler „1" erzeugt wird. Ebenfalls wird der Knotenlink aus dem Header Table Eintrag „F" auf den neuen Knoten gesetzt. Ebenfalls erfolgt das Erzeugen des Knotens und Setzen des Knotenlinks aus dem Header Table für den Listeneintrag „H". Letztlich ergibt sich ein FP-Tree wie in Abbildung A.2.

Die Beobachtung „c" wird auf die Teilmenge mit einem einzigen Eintrag „F" gefiltert. Da der vorhandene Zweig des FP-Tree mit dem Knoten „A" beginnt, wird ein neuer Knoten mit dem Label „F" und dem Zähler „1" nach der Wurzel eingefügt. Da bereits ein Knoten mit dem Label „F" im FP-Tree existiert, muss dessen Knotenlink auf den neuen Knoten gesetzt werden. Es ergibt sich der FP-Tree in Abbildung A.3.

Für die Beobachtungen „d" und „e" ergeben sich die identischen Teilmenge „ACFHI". Diese Teilmenge befindet sich bereits im FP-Tree beginnend bei der Wurzel, so dass im Verlauf die entsprechenden Zähler der einzelnen Knoten inkrementiert werden. Für das letzte Element der Menge „I" aus der

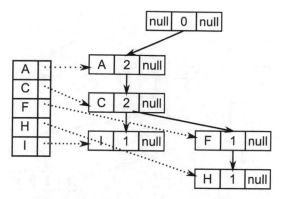

Abbildung A.2: Einfügen der Beobachtung „b"

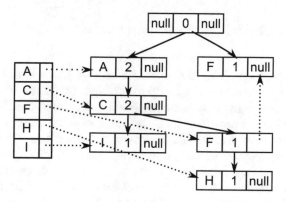

Abbildung A.3: Einfügen der Beobachtung „c"

Beobachtung „d" wird zunächst ein neuer Knoten als Kind des Knotens „H" erzeugt, und der Knotenlink des bereits im FP-Tree vorhandenen Knotens mit dem Label „I" wird gesetzt. Der FP-Tree, welcher alle Beobachtungen des gegebenen Datensatzes bei gegebenem minimalen Support komprimiert repräsentiert, ist in Abbildung A.4 gezeigt.

Anschließend erfolgt die Ermittlung der Menge der frequenten Attributmengen $\mathcal{F}\!A$. Da es sich beim erzeugten FP-Tree (Abbildung A.4) um einen Baum mit mehreren Zweigen handelt, wird für jeden Eintrag der Header Table ein separater Conditional FP-Tree erzeugt. Es werden je die frequenten Attributmengen gesucht, die auf dem betrachteten Label enden. Im Beispiel wird mit dem letzten Eintrag „I" begonnen. Zur Ermittlung der Pfade

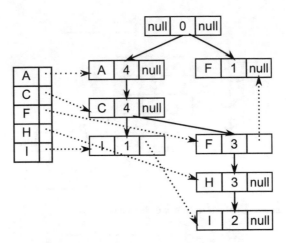

Abbildung A.4: Einfügen der Beobachtung „d" und „e"

von der Wurzel zum Erreichen eines Knotens mit dem Label „I" wird den Knotenlinks beginnend im Header Table gefolgt. Um einen Knoten mit dem Label „I" zu erreichen, existieren die Pfade „AC" und „ACFH", wobei der Zähler des Knotens mit dem Label „I" am Ende des Pfades „ACFH" den Wert „2" zeigt, und dieser Pfad daher entsprechend dem Zählerstand zweimal zu berücksichtigen ist. Um den Conditional FP-Tree für das Element „I" zu erstellen, wird zunächst eine neue Header Table erzeugt. Es werden die frequenten Attributmengen A_k der Länge $k = 1$ auf Basis der auf „I" endenden Pfade gesucht. Da die Elemente „F" und „H" den gegebenen minimalen Support nicht erfüllen, finden sie im Conditional FP-Tree für das Objekt „I" keine Berücksichtigung, so dass der Conditional FP-Tree nur einem Pfad enthält, wie in Abbildung A.5 zu sehen.

Frequente Attributmengen für die gegebene Menge von Beobachtungen, welche mit dem Attribut „I" enden, ergeben sich somit aus allen Kombinationen der Attribute „A", „C" und „I". Dies umfasst die Attributmengen $\{I, AI, CI, ACI\}$. Die Erzeugung der Conditional FP-Trees für die weiteren Einträge im Header Table ergeben ebenfalls einfache Pfade, so dass die Ermittlung der jeweiligen Attributmengen analog verläuft. Die Vereinigung aller Mengen ergibt somit die Menge der frequenten Attributmengen $\mathcal{FA}$ und ist identisch mit der Menge $\mathcal{FA}$ des Beispiels 2.

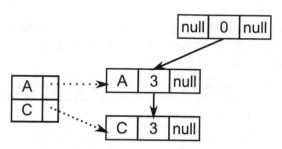

Abbildung A.5: FP-Tree für das Attribut „I"

Algorithmus zur Erzeugung der Implikationen Aus jedem Element der Menge der frequenten Attributmengen $FA \in \mathcal{FA}$ mit ihrem jeweiligen Support $sup(FA)$ werden die Implikationen generiert. Jede frequente Attributmenge $FA_k \in \mathcal{FA}$ mit einer Länge $k; k \geq 2$ wird in nichtleere Teilmengen gesplittet, und alle daraus möglichen Implikationen der Form $I : P \Rightarrow K; P \cap K = \emptyset; P, K \subset FA; P \cap K \neq \emptyset$ gebildet. Die Prämisse P ergibt sich aus $P = FA - K$.

Eine Möglichkeit, die Beschreibungen eines zu analysierenden Datensatzes auf die Bedürfnisse eines Nutzers einzuschränken, ist die Angabe einer Mindestkonfidenz $conf_{min}$. Sofern das Verhältnis von $\frac{sup(FA)}{sup(FA-K)} \geq conf_{min}$ ist die betrachtete Implikation im Sinne des Nutzers eine für den Datensatz relevante Implikation.

Es gilt das Theorem:

Theorem 2 *Erfüllt eine Implikation einer Attributmenge A eine gegebene Mindestkonfidenz $conf((A - K) \Rightarrow K) \geq conf_{min}$, so erfüllt eine Implikation mit einer Konsequenz K' diese Mindestkonfidenz $conf((A - K') \Rightarrow K' \geq conf_{min}; K' \subset K$ ebenfalls.*

Daraus folgt: wenn eine Implikation für eine gegebene Attributmenge A die Mindestkonfidenz $conf_{min} \geq conf((A - K) \Rightarrow K)$ nicht erfüllt, kann keine andere Implikation aus dieser Attributmenge mit anderer Konsequenz folgen, die die Mindestkonfidenz $conf((A - K') \Rightarrow K') \geq conf_{min}; K' \subset K$ erfüllt.

Der Generierung von Implikationen beginnt mit der Bildung von Konsequenzen der Länge $k = 1$. Ein Algorithmus zur Generierung von Implikationen ist in Algorithmus 6 angegeben. Die Generierung von Implikationen wird schrittweise aus den frequenten Attributmengen einer bestimmten Länge erzeugt. Um für die Bestimmung des Supports einer Teilmenge in einem

Datensatz nicht erneut den Datensatz vollständigen durchsuchen zu müssen, wird auf die jeweiligen Supportangaben der frequenten Attributmengen zurückgegriffen.

Algorithm 6: Funktion „generateImplication(frequente Attributmenge $|FA|_k$, Attributmenge $|K|_j$)"

---

    input   : frequente Attributmenge $|FA|_k$, Attributmenge $|K|_j$
    output: Menge von Implikationen $\mathcal{I}$

1 $\mathcal{I} = \emptyset$
2 **if** $k > j + 1$ **then**
3     $|K|_{j+1}$ =gen_Apriori($|K|_j$)
4   **forall** $K \in |K|_{j+1}$ **do**
5   **if** $conf_{min} \leq \frac{sup(FA)}{sup(FA-K)}$ **then**
6            $I = I \cup \{(FA - K) \Rightarrow K\}$
7   **else**
8            $|K|_{j+1} = |K|_{j+1} - K$

9     $\mathcal{I} = \mathcal{I} \cup$ generateImplication($|FA|_k, |K|_{j+1}$)
10 **return** $\mathcal{I}$

Beispiel 4 *Zur Illustration werden für die frequente Attributmenge $|FA|_4 = \{ACFH\}$ mit dem Support $sup(ACFH) = 3$ aus dem Beispiel 2 die möglichen Implikationen berechnet. Gegeben sei die Minimalkonfidenz $conf_{min} = 0,8$. Zunächst wird mit der Bildung der Implikationen mit Konsequenzen der Länge $k = 1$ begonnen. Das Ergebnis ist in Tabelle A.7 dargestellt. Alle Implikationen mit einer Konsequenz der Länge $k = 1$ erfüllen die Anforderung an die minimale Konfidenz.*

Bei Betrachtung der Implikationen mit einer Konsequenz der Länge $k = 2$ erfüllt die Implikation $I : AC \Rightarrow FH$ mit einer Konfidenz $conf(I) = 0,75$ die minimale Konfidenz nicht. Eine Generierung von Implikationen mit Konsequenzen einer Länge $k; k > 2$, welche die Teilmenge FH enthalten, werden im Folgenden ebenfalls nicht die Minimalkonfidenz erfüllen. Das Ergebnis findet sich in Tabelle A.8.

Die letzten Implikationen beinhalten Konsequenzen der Länge $k = 3$. Konsequenzen mit der Teilmenge FH werden nicht betrachtet, da die Konse-

Tabelle A.7: Implikationen mit Konsequenzen der Länge $k = 1$

Präm. P	Kons. $|K|_1$	$sup(P)$	$conf(P \Rightarrow |K|_1)$	rel. Kons. $|K|_1$
CFH	A	3	1	A
AFH	C	3	1	C
ACH	F	3	1	F
ACF	H	3	1	H

Tabelle A.8: Implikationen mit Konsequenzen der Länge $k = 2$

Präm. P	Kons. $|K|_2$	$sup(P)$	$conf(P \Rightarrow |K|_2)$	rel. Kons. $|K|_2$
FH	AC	3	1	AC
CH	AF	3	1	AF
CF	AH	3	1	AH
AH	CF	3	1	CF
AF	CH	3	1	CH
AC	FH	4	0,75	

quenz FH im vorherigen Schritt aus der Menge der relevanten Konsequenzen entfernt wurde. Die Implikation $I : F \Rightarrow ACH$ erfüllt die Anforderung an die Mindestkonfidenz nicht. Die Ergebnisse sind in Tabelle A.9 zu sehen.

Tabelle A.9: Implikationen mit Konsequenzen der Länge $k = 3$

Präm. P	Kons. $|K|_3$	$sup(P)$	$conf(P \Rightarrow |K|_3)$	rel. Kons. $|K|_3$
H	ACF	3	1	ACF
F	ACH	4	0,75	

A.2 Clusterverfahren

Weiterhin werden einige Verfahren des Clusterings betrachtet.

Algorithmus k-Means Eines der bekanntesten Verfahren um Datenpunkte in einem Datensatz in entsprechende Cluster einzuteilen, ist der k-Means Algorithmus. Dabei handelt es sich um ein nicht-hierarchisches Verfahren. Die Zuordnung erfolgt aufgrund des Abstandes zwischen einem Datenpunkt und und einem Cluster-Zentrum. Das Listing des Grundalgorithmus k-Means findet sich in Algorithmus 7.

Algorithm 7: k-Means Algorithmus

input : Datensatz DS, Clusterzahl k mit $1 < k < |DS|$,
　　　　　 Ähnlichkeitsfunktion $sim(x, y)$
output: Clustermenge C

1　**for** $i = 0$ *to* $k - 1$ **do**
2　　$C = C \cup random(DS - C)$

3　**repeat**
4　　$C' = C$
5　　**forall** $d_i \in DS$ **do**
6　　　$p_{ij} = \begin{cases} 1 & \text{falls } c_j = arg_{c_j \in C} \ min \ sim(d_i, c_j) \\ 0 & \text{sonst} \end{cases}$

7　　**forall** $c_l \in C$ **do**
8　　　$c_l = \frac{1}{n_l} \sum p_{il} * d_i$ mit $n_l := \sum p_{il}$

9　**until** $C' \neq C$
10　**return** C

Zunächst wird zufällig eine initiale Menge von Clusterzentren ausgewählt (Zeilen 1 bis 3). Dann wird jeder Punkt des Datensatzes einem Cluster zugeordnet, dessen Zentrum am nächsten zum Punkt liegt (Zielen 6 bis 8). Abschließend werden die Clusterzentren neu berechnet (Zeilen 9 bis 11). Die Zuordnung von Datenpunkten zu einem Cluster sowie die Neuberechnung der Clusterzentren erfolgt solange, bis keine Änderungen an den Clusterzentren selbst mehr stattfinden.

Der k-Means Algorithmus ist nicht auf die Verwendung einer bestimmten Metrik beschränkt, sondern kann durch die Verwendung beliebiger metrischer Abstandsmaße auf verschiedene Datentypen erweitert werden. Dabei ist jedoch zu beachten, dass jede Metrik die Interpretation der räumlichen Beziehungen zwischen den Datenpunkten beeinflusst, und somit auch den „Sachverhalt", der durch die Zielfunktion zu optimieren ist. Eine Anpassung der Zielfunktion verlangt folglich eine Anpassung der Clusterzentren (z. B. Mediane, Medoide, etc.), durch die die Zerlegung repräsentiert wird.

Die initiale Wahl der Clusterzentren des k-Means-Algorithmus ist problematisch. Es kann passieren, dass verschiedene Durchführungen des Algorithmus auf einem Datensatz zu unterschiedlichen Ergebnissen führen. Maßnahmen zur Verbesserung sind eine vorherige hierarchische Clusterung eines kleinen Teildatensatzes oder die Auswahl von besonders weit auseinanderliegenden Punkten des Datensatzes.

Die Vorgehensweise von k-Means, ausnahmslos alle Datenpunkte jeweils einem Cluster zuzuordnen, führt zu einer außerordentlichen Empfindlichkeit gegenüber Ausreißern und Datenrauschen. Auch wenn ein Punkt weit entfernt von allen Clusterzentren ist, wird er einem der Cluster zugeordnet und ebenfalls für die Berechnung des neuen Clusterzentrums herangezogen (Xu und Wunsch (2009)). Dies zu einer starken Beeinflussung der Clusterausprägungen und zu einer schwierigen Interpretation.

Die Zielfunktion wird durch Zerlegungen dahingehend minimiert, dass die Objekte eines Clusters relativ dieselben Abstände zum jeweiligen Clusterzentrum und die Cluster unter sich jeweils dieselbe Größe und Dichte aufweisen, und sie dennoch voneinander wohl-separiert sind. Da in jedem Iterationsschritt k-Means versucht, die Zielfunktion zu minimieren, kommt es dazu, dass unter Umständen nicht die natürlichen Cluster in den Daten entdeckt werden, sofern diese unterschiedliche Dichte/Größe haben und/oder nicht kugelförmig sind. Insbesondere neigt k-Means dazu, große Cluster aufzuspalten und kleine miteinander zu fusionieren, sofern die Größen der Cluster stark variieren (Tan, Steinbach und Kumar (2006)).

Ein weiteres Merkmal von k-Means ist die Wahl der Clusteranzahl k durch den Nutzer. Somit wird eine Strategie benötigt, durch die die Anzahl der zu suchenden Cluster berechnet werden kann. Eine solche Strategie kann darin bestehen, die Daten mittels k-Means für unterschiedliche Werte von k zu gruppieren, um dann anhand von Validierungskriterien wie Kohäsion (z. B. Summe der quadratischen Abstände zwischen Clusterelementen und Clusterzentrum) und Separation (z. B. Summe der Abstände zwischen den Clusterzentren und dem Zentrum der gesamten Punktmenge) von Clustern die „beste" Zerlegung, und somit die „beste" Clusterzahl zu wählen. Der Nachteil dieses Ansatzes ist jedoch die Komplexität, die mit der mehrfachen Gruppierung des Datensatzes verbunden ist.

Algorithmus DBScan Ein weiterer Ansatz zur Bildung von Clustern in einem Datensatz sind dichtebasierte Verfahren, wie z. B. der DBScan Algorithmus.

Ausgehend von der Angabe einer Mindestgröße $minPts$ für ein Cluster sowie einen zu definierenden Abstand eps werden die Punkte eines Datensatzes auf Grundlage der Entfernung den zu bildenden Clustern zugeordnet. Jedes Cluster weist somit eine lokale Dichte auf, d.h. ein Cluster besteht mindestens aus $minPts$ Elementen und der Abstand d zwischen zwei benachbarten Elementen x_i, x_j eines Clusters ist $d(x_i, x_j) \leq eps$ (direkt dichte-erreichbar). Dies bedeutet, dass ein Element x_k zum Cluster gehören kann, wenn es einen Weg gibt, so dass $d(x_i, x_j) \leq eps$ und $d(x_j, x_k) \leq eps$ oder $d(x_i, x_j) \leq eps$ (dichte-erreichbar) gilt. Das Element x_k ist somit dichte-verbunden zu den Elementen x_i, x_j.

Wenn C eine nicht-leere Teilmenge von DS ist, dann heißt C Cluster bzgl. eps und $minPts$, wenn die folgenden Bedingungen erfüllt sind:

1. Maximalität: Für alle $x_i, x_j \in DS$ gilt: wenn $x_i \in C$ und x_j ist dichte-erreichbar von x_i bzgl. eps und $minPts$, dann ist auch $x_j \in C$.

2. Verbundenheit: Für alle $x_i, x_j \in C$ gilt: x_j ist dichte-verbunden mit x_i bzgl. eps und $minPts$.

Ein dichte-basierter Cluster ist eine Menge von dichte-verbundenen Elementen, die in Hinsicht der Dichte-Erreichbarkeit maximal ist. Die Menge aller von einem Element aus dichte-erreichbaren Elemente bilden ein Cluster. Die Aufdeckung eines dichte-basierten Clusters erfolgt in zwei Schritten. Im ersten Schritt wird „irgendein" Element des Datensatzes ausgewählt, und im zweiten Schritt werden alle von ihm aus dichte-erreichbaren Elemente bestimmt. Die so gebildete Teilmenge ist ein dichte-basierter Cluster, und unter Berücksichtigung von $minPts$ ist zusätzlich gewährleistet, dass der so entstehende Cluster „vollständig" ist.

Der DBScan Algorithmus basiert auf diesen zwei Schritten.

Im ersten Listing Algorithmus 8 werden alle ungeprüften Datenpunkte des Datensatzes durchlaufen. Es wird für diesen Datenpunkt geprüft, ob er Mitglied eines Clusters ist, oder als Ausreißer gekennzeichnet werden muss. Diese Prüfung erfolgt in Listing Algorithmus 9, indem alle Nachbarn des betrachteten Datenpunktes hinsichtlich ihrer dichte-erreichbarkeit geprüft werden. Entspricht letztlich die Anzahl der dichte-erreichbaren Datenpunkte mit dem betrachteten Datenpunkt selbst der Mindestgröße eines Clusters, so ist ein entsprechendes Cluster entdeckt.

Algorithm 8: DBSCAN Algorithmus

input : Datensatz DS, Abstand eps, Minimale Anzahl
Beobachtungen je Cluster $minPts$

1   $C = 0$
2   **forall** *each unvisited point P in dataset DS* **do**
3   mark P as visited
4      $DS' = DS.regionQuery(P, eps)$
5   **if** $sizeof(DS') < minPts$ **then**
6   mark P as NOISE
7   **else**
8   C = next cluster
9         $expandCluster(P, DS', C, eps, minPts)$

Algorithm 9: Expand Algorithmus

input : Beobachtung P, Teildatensatz DS, Cluster C, Abstand
eps, Minimale Anzahl Beobachtungen je Cluster
$minPts$

1   add P to cluster C
2   **forall** *each point P' in DS* **do**
3   **if** *P' is not visited* **then**
4   mark P' as visited
5         $DS' = DS.regionQuery(P', eps)$
6   **if** $sizeof(DS') >= minPts$ **then**
7            $DS = DS \cup DS'$

8   **if** *P' is not yet member of any cluster* **then**
9   add P' to cluster C

Ein Vorteil des Verfahrens ist, dass Ausreißer und Datenrauschen keinen Einfluss auf die Cluster besitzen, da diese Datenanomalien nicht innerhalb der Dichte-Erreichbarkeit des vorgegebenen Abstandes *eps* von Elementen eines Clusters liegen. Da die Eigenschaften bzgl. der Dichte-Erreichbarkeit für jedes Element eines Clusters gelten, so ist gewährleistet, dass das ermittelte Ergebnis für den Datensatz auch bei mehreren Anwendungen des Algorithmus identisch ist. Vorteilhaft ist ebenfalls, dass die Zahl der Cluster mit der Anwendung des Algorithmus selbst bestimmt wird. Ein Vorwissen des Anwenders ist hier nicht notwendig. Allerdings wirken sich die Werte für *eps* und *minPts* auf die Clusterbildung aus. Zu kleine Werte bergen das Risiko, dass Cluster verschmolzen werden, zu hohe Werte können dazu führen, dass zu viele Datenpunkte als Ausreißer betrachtet werden. Ein Ansatz zur Bestimmung der Parameter *eps* und *minPts* liefern Ester und Sander (2000) mit einem Graph der sortierten k-nächster-Nachbar- Distanzen auf. Hierbei werden jedem Element des Datensatzes die Distanzen zu seinen $k \geq 1$ Nachbarn zugeordnet. Diese Werte für die Distanzen werden absteigend sortiert und in einem Graph darstellt. Der Wert für k wird entweder vorgegeben oder wird bestimmt mit $k = 2 * p - 1$, wobei p für die Zahl der Variablen im Datensatz steht. Der Parameter *minPts* entspricht $k + 1$. Der Punkt in der Nähe der Umgebung des Graphen, in der sich die Steigung des Graphen der sortierten k-Distanzen signifikant ändert (des ersten „Tals" im Graphen), bietet einen guten Anfangswert für den Parameter *eps*. Die Ermittlung eines solchen Graphen erfolgt auf der Grundlage einer Stichprobe des zu analysierenden Datensatzes.

Problembehaftet ist die Suche nach den dichte-erreichbaren Elementen um einen Datenpunkt. Hier kann die Organisation des Datensatzes hinsichtlich des Einsatzes von Indizes selbst unterstützen, wie Ester und Sander (2000) zeigen. Ebenfalls bieten die Berechnung der Abstände sowie die Bestimmung der Kardinalität der Umgebungsgröße Ansätze für die Anpassung des Verfahrens.

Printed in the United States
By Bookmasters